British Museum (Natural History)

El origen de las especies

Traducción:
Laura Ortiz de Lanzagorta

AKAL

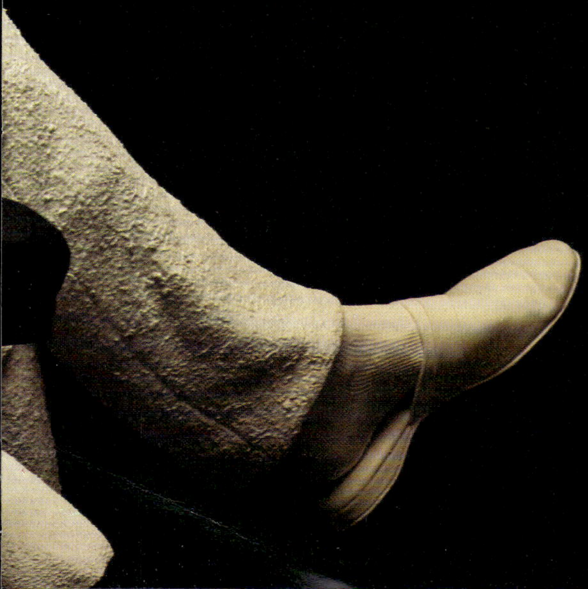

Indice general

Prólogo

Todos los seres vivos pertenecen a una especie: las plantas, los animales, los hongos, los microorganismos. Pero ¿qué es exactamente una especie? ¿Cómo se forman las especies? No existe una respuesta sencilla para ninguna de estas dos preguntas y el origen de las especies se discute hoy con tanta fuerza como cuando Charles Darwin publicó por primera vez la teoría de la evolución por selección natural hace más de 120 años.

¿Qué es la selección natural? ¿Cómo funciona? Los lectores de este libro descubrirán que es básicamente una idea sencilla y que incluso hoy pueden encontrarse entre los seres vivos pruebas que demuestran que la selección natural es un hecho. Darwin basó su teoría de la selección natural en cuatro observaciones importantes sobre las especies: capacidad de reproducción, efectos del medio ambiente, variación y herencia. **El origen de las especies** comienza tratando estas observaciones una por una, utilizando un abanico de ejemplos extraídos del entorno natural. A continuación muestra cómo estas observaciones pueden relacionarse entre sí y desarrolla la teoría de la selección natural, para terminar examinando el papel que ésta puede desempeñar en la formación de las nuevas especies.

A lo largo de todo el libro se insiste en las especies actuales y no en el intento de reconstruir la historia de la vida en la Tierra. Además, el tratamiento de la genética se reduce a lo estrictamente necesario para una comprensión básica de la herencia y de las variaciones de la misma.

Este libro sirvió de guía para la importante exposición **El origen de las especies** que se inauguró en el Museo de Historia Natural como parte de las celebraciones del centenario en 1981. Al igual que la exposición, el libro ha sido concebido con la ayuda de expertos de los departamentos científicos del museo, y quiero aprovechar la oportunidad para dar las gracias a todas las personas, tanto del museo como de fuera, que han participado en su preparación.

R.H. HEDLEY, Director
British Museum (Natural History)

Introducción

¿Por qué existen tantas clases diferentes de seres vivos?

Hay una teoría que afirma que todos los seres vivos se crearon tal y como los vemos hoy, y nunca han cambiado. Otra sostiene que los seres vivos que vemos hoy han **evolucionado** a partir de un antepasado lejano por un proceso de cambio gradual. ¿Pero cómo ha podido ocurrir esta evolución? ¿Cómo ha podido convertirse una especie en otra? Hace algo más de 120 años, Charles Darwin pensó en una forma de cómo esto puede suceder y la llamó **selección natural**.

Desde su primera publicación, la teoría de la selección natural de Darwin ha sido una de las teorías científicas más discutidas, controvertidas e incomprendidas. Sin embargo la selección natural es una idea muy sencilla, y podemos encontrar pruebas de que está actuando hoy en el mundo.

28
FLEET STREET
LONDON

Capítulo 1

El problema que resolvió Darwin

Incluso a mediados del siglo XIX, la evolución no era una idea nueva; se había discutido durante siglos. Sin embargo, nadie había podido explicar cómo ocurría, por lo que la idea fue rechazada.

Charles Darwin

Charles Darwin es recordado porque pensó en un mecanismo convincente para explicar cómo había podido producirse la evolución. A este mecanismo lo llamó selección natural y lo describió en su libro *Sobre el origen de las especies por medio de la selección natural,* publicado en 1859.

¿Qué le hizo pensar a Darwin en la evolución?

Se esperaba que Darwin siguiera una carrera eclesiástica pero se graduó en Letras en la Universidad de Cambridge. Él siempre se había interesado por la historia natural y desde niño había coleccionado rocas, flores e insectos. En 1831, poco después de haber dejado Cambridge, se le ofreció que tomara parte como naturalista en la expedición del barco explorador de la Armada Inglesa *Beagle.* Esta oferta cambió su vida.

El viaje del *Beagle.* 1831-1836

Charles Darwin (1809-1882) de joven

El *Beagle*

El viaje de cinco años del *Beagle* llevó al joven Darwin alrededor del mundo. La infinita variedad de plantas, animales y fósiles que vio y su correspondiente distribución le asombraron.

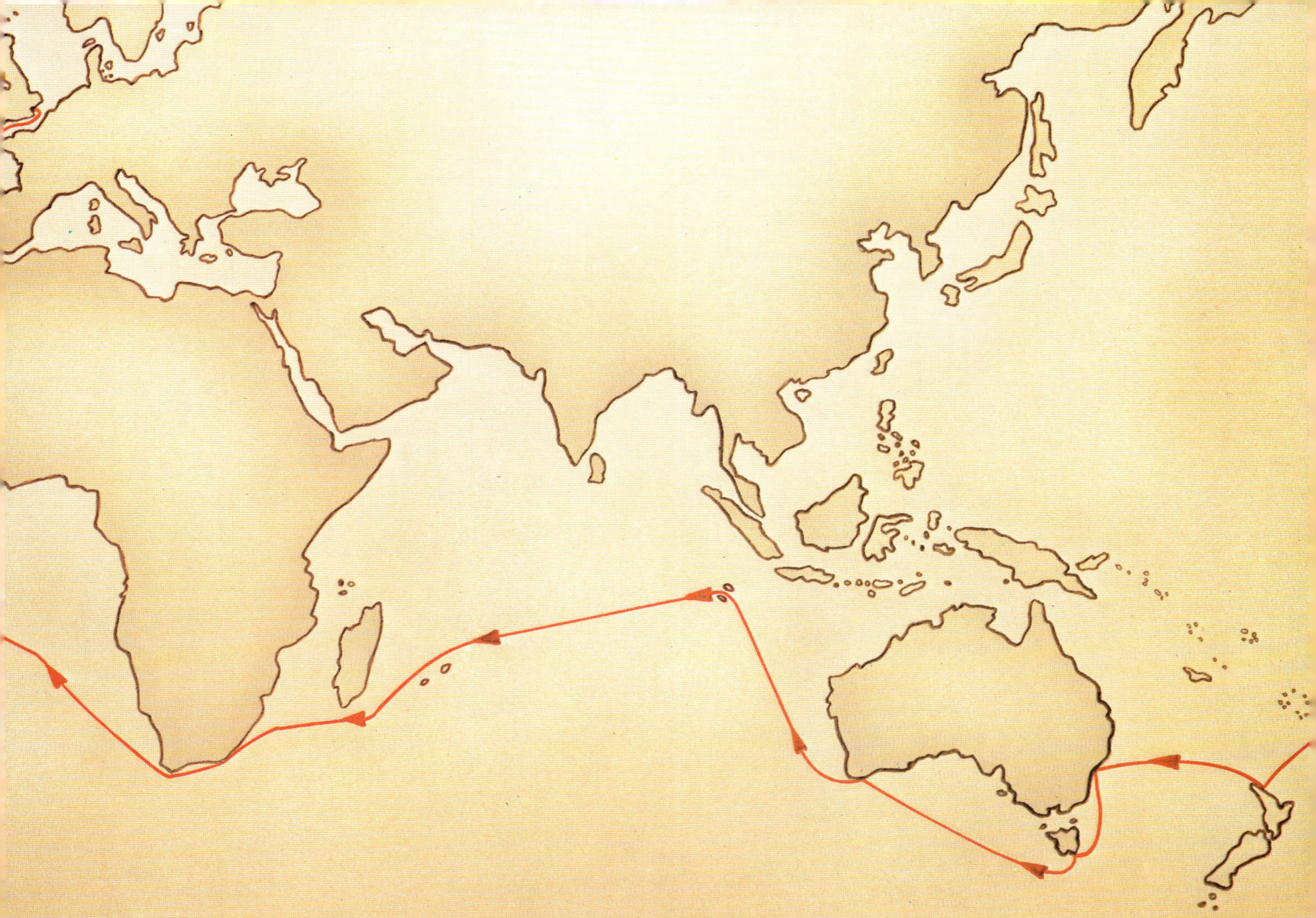

Cuando Darwin volvió a Inglaterra empezó a estudiar las inmensas colecciones de plantas y animales que había recogido durante su viaje. Rápidamente comenzó a desarrollar la idea de la selección natural, pero no quiso publicar esta teoría hasta perfeccionarla. Durante los veinte años siguientes trabajó en ello reuniendo todas las pruebas que pudo.

En 1858 los experimentos de Darwin fueron interrumpidos por la llegada de un manuscrito de Alfred Wallace, un naturalista que trabajaba en Indonesia. Este manuscrito mostraba que Wallace, por su parte, había llegado a la misma conclusión. Darwin y Wallace presentaron conjuntamente esta teoría a los científicos de Londres y al año siguiente Darwin publicó *Sobre el origen de las especies.* El libro se agotó el mismo día de su publicación, y provocó una importante controversia, ya que ponía en duda los criterios aceptados en esa época.

Down House, en el condado de Kent.
Fue la casa de Darwin desde 1842 hasta 1882.

Una pista para la teoría de Darwin

Las plantas y los animales domésticos proporcionaron a Darwin una pista importante para entender cómo había podido ocurrir la evolución.

Cruzando individuos seleccionados, los criadores son capaces de cambiar las características de las plantas y animales domésticos.

Los perros tejoneros, por ejemplo, han sufrido grandes cambios durante los últimos cien años, ya que los criadores han preferido animales de buen aspecto, constitución menos fuerte, patas más cortas y morros más elegantes.

Se obtuvo una raza de perro completamente nueva, el bull terrier de Staffordshire, cruzando bulldogs con terriers. De cada camada, los criadores seleccionaron aquellos que tenían las características que buscaban. Estos animales elegidos fueron cruzados generación tras generación hasta que los criadores obtuvieron el tipo de perro deseado. Así pues, se puede ver cómo el bull terrier de Staffordshire combina algunas de las cualidades de los bulldogs y los terriers.

1875

1925

1975

bulldog

terrier

bull terrier
de Staffordshire

Darwin sabía que la **selección de razas domésticas** durante muchas generaciones había producido una gran variedad en algunos tipos de plantas y animales. Pensó que este hecho podría dar una pista de cómo habría podido producirse en la naturaleza durante muchos miles de años el proceso bastante más complejo de selección. A este proceso lo llamó **selección natural** y pensó que esto podría explicar la gran diversidad de plantas y animales que había visto en sus viajes.

En los siguientes capítulos daremos más información sobre la teoría de Darwin de la evolución por selección natural y cómo se corresponde con lo que observamos en la naturaleza.

Capítulo 2

Cómo reconocemos las especies

No es necesario viajar tan lejos como lo hizo Darwin para sorprenderse de la gran variedad de seres vivos que existen.
No hay más que que mirar a nuestro alrededor...

Clasificando a los seres vivos

Si buscas en un estanque... encontrarás muchos seres vivos diferentes. ¿Cómo los clasificarías?

Existen muchas formas de clasificar a los seres vivos. Los podrías dividir en grupos según su forma, tamaño, el lugar donde viven, o según pienses de qué se alimentan.

Identificación de las especies

Si quieres identificar a los diferentes **tipos** de seres vivos, debes reunir aquellos que tienen en común características particulares.

Podrías empezar dividiendo tu colección en dos grupos: los que pueden moverse y los que no. Los que se mueven son **animales**, y los que no lo hacen son probablemente **plantas.**

Cuantas más similitudes busques, más pequeños serán los grupos.

El grupo de base más pequeño que utilizan los biólogos se llama **especie.** La palabra «especie» viene de la palabra latina que significa «tipo» o «clase».

Estos animales tienen tantos caracteres comunes que los identificamos como miembros de una especie.

Cada especie tiene un nombre científico latino, pero muchas tienen también nombres vulgares.

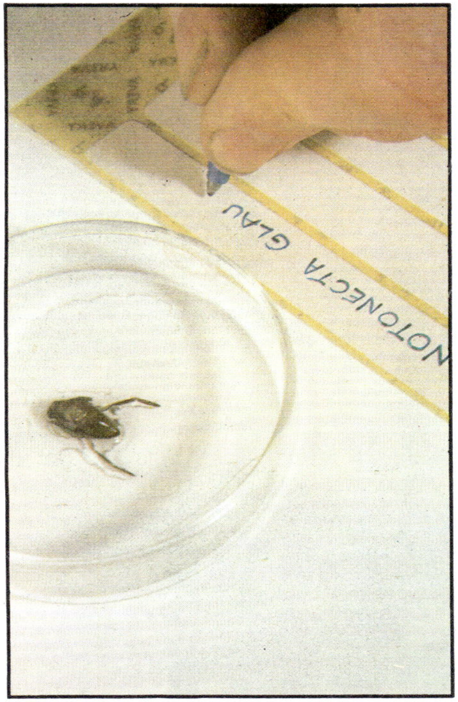

Este individuo responde al nombre vulgar de escorpión de agua, al igual que otras muchas especies. Un nombre más concreto es el latino: *Notonecta glauca.* El nombre latino es más práctico porque existe uno diferente para cada especie y tiene el mismo significado para todas las personas, cualquiera que sea el idioma que hablen.

Cada ser vivo pertenece a una especie...

Cada animal pertenece a una especie

Estos animales tienen varios caracteres comunes, pero se pueden dividir en **cuatro** especies diferentes.
¿Puedes averiguar cuál es cuál?

Los armiños *Mustela erminea:*
Tienen el vientre blanco y la punta de la cola es de color negro.

Las comadrejas *Mustela nivalis:*
Tienen el vientre blanco y el extremo de la cola no es de color negro.

Los turones *Mustela putorius:*
Tienen el vientre marrón y una mancha blanca detrás de los ojos.

Los visones *Mustela vison:*
Tienen el vientre marrón y no tienen una mancha blanca detrás de los ojos.

Cada planta pertenece a una especie
Estas plantas tienen varios caracteres comunes, pero se pueden dividir en **cinco** especies diferentes.
¿Puedes averiguar cuál es cuál?

El cebollino *Allium schoenoprasum:* Crece en grupos y tiene bulbos y hojas estrechos.

El ajo de oso *Allium ursinum:* Crece en grupos y tiene bulbos estrechos y hojas anchas.

El puerro *Allium porrum:* Crece en solitario. Bulbos alargados, cilíndricos.

La cebolla *Allium cepa:* Crece en solitario, tiene bulbos redondeados y sus flores no están protegidas por una prolongación membranosa del tallo.

El ajo *Allium sativum:* Crece en solitario. Bulbos redondeados y flores protegidas por una prolongación membranosa del tallo.

No es necesario observar estas plantas para identificarlas; cada especie tiene su propio olor. Intenta hacerlo en tu casa.

El aspecto exterior no es lo más importante
Hay dos especies diferentes aquí. ¿Puedes diferenciarlas?

Aunque parecen prácticamente idénticos, el mosquitero y la curruca pertenecen a especies diferentes. La forma más fácil para diferenciarlos es escuchar su canto. Sabiendo que no son iguales, se pueden incluso apreciar pequeñas diferencias entre ellos.

Mosquitero
Phylloscopus collybita

Curruca
Phylloscopus trochilus

Diferentes... aunque una misma especie

Dos personas nunca son exactamente iguales; sin embargo, todos pertenecemos a una misma especie: *Homo sapiens.*

Si observas las margaritas en un campo, descubrirás que no todas tienen el mismo número de pétalos.

Existen muchas diferencias entre cada margarita aunque todas poseen tantos caracteres comunes que las identificamos como una sola especie: *Leucanthemum vulgare.*

Otras especies son también variables. En los siguientes capítulos hablaremos de la **variación** y del papel que desempeña en la selección natural.

¿Cuántas especies existen?

Los renacuajos son muy diferentes de las ranas pero pertenecen a la misma especie. Representan las diferentes fases en la vida del mismo animal: la rana común, *Rana temporaria.*

Cuando clasificamos a los seres vivos en especies debemos recordar que pueden presentar aspectos distintos en las diversas etapas de sus vidas.

Esta especie no tiene siempre este aspecto...

a veces tiene este otro.

Esta especie no tiene siempre este aspecto...

a veces tiene este otro.

Una cuestión de opinión
En ocasiones es difícil decidir cuáles son las diferencias que deben presentar los seres vivos para que los identifiquemos como dos especies distintas.

Estos dos expertos trabajaron por separado en el difícil caso de los «dientes de león».

En 1907, Alfred Rendle llegó a la conclusión de que estas plantas eran lo suficientemente **similares** como para clasificarlas dentro de una misma especie.

En 1928, George Druce afirmó que eran lo suficientemente **diferentes** como para pertenecer a especies diferentes.

¿Quién de los dos tiene razón?
En algunos casos es imposible decidir, y el número de especies que identificamos es una cuestión de opinión personal.

Capítulo 3

Las especies en la naturaleza

Los seres vivos forman sus propios grupos. ¿Estos grupos son especies?

Grupos reproductores

Los animales forman grupos en la naturaleza según la manera que tienen de reproducirse.

Cuando una comadreja se reproduce se aparea siempre con otra comadreja, y nunca con otro tipo de animal.

Cuando las comadrejas se reproducen, nacen más comadrejas, exactamente iguales a ellas.

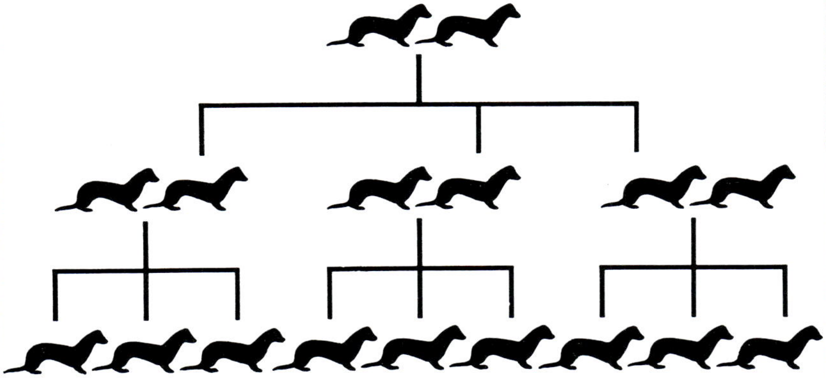

Generación tras generación, las comadrejas se aparean con otras comadrejas para producir más comadrejas.
Las comadrejas constituyen un **grupo reproductor.**

En la mayoría de los casos, un grupo reproductor incluye todos los animales que identificaríamos según sus características físicas como una especie. Luego un grupo reproductor es otra manera de definir una especie.

Las plantas forman grupos en la naturaleza según la manera que tienen de reproducirse.
Una margarita se reproduce con otra margarita para dar más margaritas: las margaritas forman un **grupo reproductor**.

Otras plantas también forman grupos reproductores. En la mayoría de los casos, un grupo reproductor incluye todas las plantas que identificaríamos según sus caracteres físicos como una especie. Por tanto, un grupo reproductor es otra manera de definir una especie.

Barreras entre grupos reproductores

Una mula es un **híbrido** y solamente puede ser producido cuando un caballo y un asno se aparean. Las mulas son estériles y no pueden reproducirse.

¿Por qué una mula es como una valla?

¿Cuántos grupos reproductores hay aquí?

Caballos, asnos, mulas: ¿cuántos grupos reproductores hay?

Estos tres tipos de animales no pueden reproducirse entre ellos y, por tanto, no forman un grupo reproductor. Sin embargo hay **dos** grupos reproductores: los caballos y los asnos. Ambos grupos de animales pueden aparearse y dar descendencia igual a ellos.

Las mulas no forman un grupo reproductor porque no pueden reproducirse entre ellas; son como una valla que forma una barrera entre los otros dos grupos reproductores.

La descendencia estéril e híbrida es solamente uno de los tipos de barreras entre dos grupos reproductores. Pero existen otros muchos más. La mayoría de los seres vivos no serían capaces de reproducirse con los miembros de otros grupos reproductores, o incluso si pudieran no lo intentarían.

¿Qué es una especie?

En las últimas páginas, la palabra «especie» ha sido utilizada de dos maneras diferentes:

- para describir los grupos que nosotros identificamos como tales,
- para describir los grupos de los seres vivos que se identifican entre sí.

¿Se trata de los mismos grupos?

En la práctica, generalmente podemos distinguir la diferencia entre miembros de grupos reproductores distintos, y, por tanto, la palabra «especie» tiene el mismo significado en cualquiera de las dos maneras en que la empleemos. Sin embargo, a veces, las dos definiciones no corresponden. En este caso, el **comportamiento ante la reproducción** es generalmente la mejor guía, como veremos en los siguientes ejemplos.

Todas las aves que presentan este aspecto son clasificadas como pingüinos reales, *Aptenodytes patagonica*

Los pingüinos reales forman un grupo reproductor en la naturaleza.

Una especie que presenta dos aspectos diferentes

Existen dos tipos de dedaleras: de tallo liso y de tallo peludo. Podemos pensar que se trata de dos especies diferentes; sin embargo, se reproducen entre ellas y a menudo forman parte de la misma población. Por tanto, las diferencias que presentan se ignoran y las dedaleras de tallo liso y las de tallo peludo se consideran como una sola especie.

Dedalera *Digitalis purpurea*

Dedalera de tallo liso

Dos especies diferentes que presentan el mismo aspecto

La situación opuesta tiene lugar cuando los seres vivos tienen el mismo aspecto pero no se pueden reproducir entre ellos. Estas moscas de la fruta se asemejan tanto que parecen pertenecer a la misma especie. Sin embargo, no todas se reproducen entre ellas. Se distinguen dos grupos reproductores, luego realmente son dos especies diferentes.

Si observamos detenidamente las moscas podemos encontrar pequeñas diferencias. Si ignoramos su comportamiento ante la reproducción, clasificaríamos a los dos tipos de moscas dentro de una misma especie.

En casos semejantes, el comportamiento ante la reproducción es la mejor pista para averiguar el número de especies.

Dedalera de tallo peludo

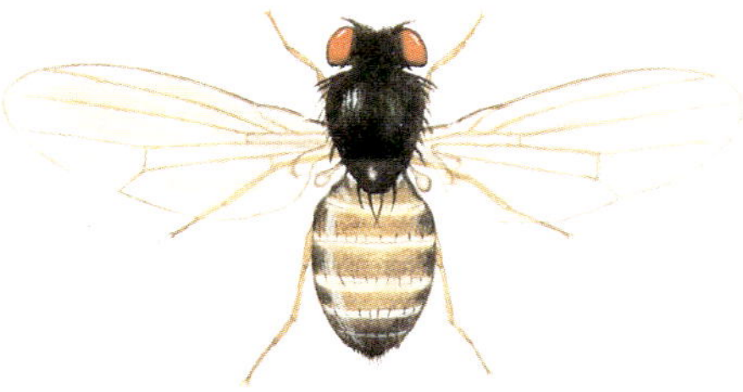

Mosca de la fruta
Drosophila pseudoobscura
30 veces su tamaño

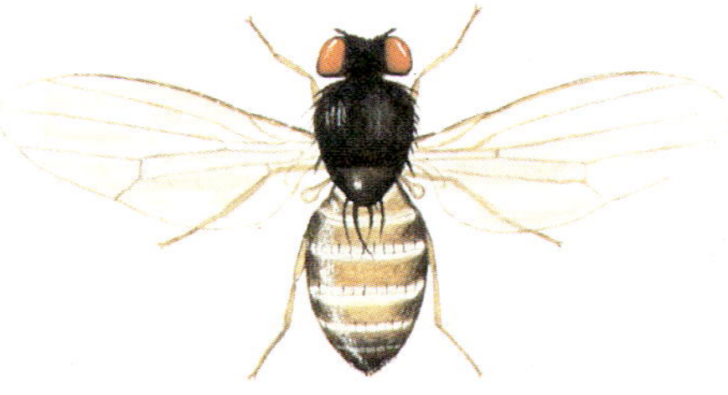

Mosca de la fruta
Drosophila persimilis
30 veces su tamaño

Cuando no existen pistas

A veces no conocemos el comportamiento ante la reproducción de las plantas y animales, por lo que no podemos utilizar este método para clasificarlos en especies.

Examinemos estos tres ejemplos:

El ajo solitario Una planta de ajo no produce semillas y nunca se reproduce con otras plantas. En lugar de ello, se desarrollan nuevas plantas a partir de determinadas zonas de su flor o bulbo (dientes). Por lo tanto una planta de ajo no pertenece a un grupo reproductor. No obstante, las plantas de ajo tienen tantos caracteres comunes que las identificamos como una sola especie.

Ajo
Allium sativum

Los escarabajos misteriosos

Descubiertos muy recientemente en las selvas tropicales de Sarawak. Por ahora solamente podemos imaginarnos su comportamiento ante la reproducción y debemos fiarnos de su apariencia para poder clasificarlos en especies.

Ammonites
Asteroceras obtusum
existió hace unos 180 millones de años

El pasado desconocido Nunca podemos tener una información definitiva sobre el comportamiento en relación con el sistema de reproducción de los seres vivos extinguidos que sólo conocemos gracias a sus fósiles, como en el caso de los ammonites.

Esta circunstancia es cierta para todos los fósiles, incluso aunque existan animales vivientes similares, como en el caso del cangrejo cazuela.

Fósil del cangrejo cazuela
Mesolimulus sulcatus
existió hace aproximadamente
140 millones de años

Cangrejo cazuela
Limulus (Sp)

El proceso de reproducción no puede utilizarse siempre para definir las especies. No obstante es el mejor sistema porque depende exclusivamente de la manera en que los seres vivos se reproducen y nunca se trata de una opinión personal.

Darwin desarrolló su teoría a partir de cuatro ideas diferentes sobre las especies. Estas ideas las desarrollaremos en los cuatro capítulos siguientes.

Capítulo 4

Más descendencia de la necesaria

Los elefantes se reproducen más lentamente que otros animales. Sin embargo Darwin calculó que, en un plazo de 700 años, una pareja de elefantes podía llegar a tener 19 millones de descendientes.

Posibles números...

¡Elefantes ilimitados!

Una elefanta puede tener su primera cría a la edad de 12 años...

... Y puede tener otra cada dos años. Si las crías sobreviviesen serían capaces de reproducirse y tener sus propias crías...

... y si éstas sobrevivieran podrían, a su vez, tener más crías. Por tanto, en cada generación, habría muchos más elefantes que se reproducirían...

... y el número de éstos se incrementaría rápidamente.

¡Imagínate cuántos elefantes podría haber!

Más y más

Otras especies se reproducen mucho más rápidamente que los elefantes.

Al cabo de 7 meses solamente, una pareja de cucarachas puede tener **164.000 millones** de descendientes.

Al cabo de 7 años, dos plantas de amapolas pueden tener **820.000 millones de trillones** de descendientes.

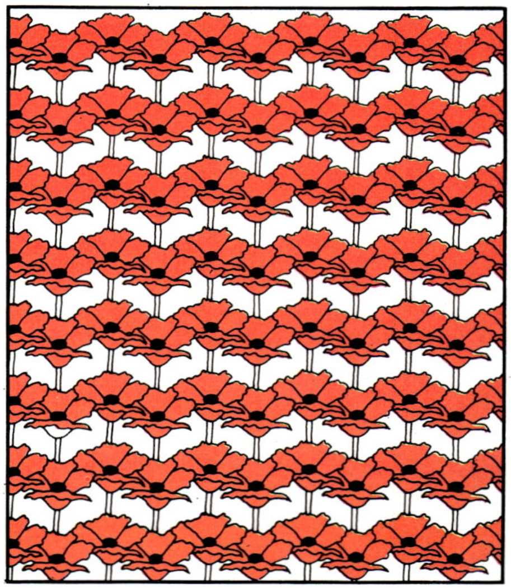

Números actuales...
Compara el número de elefantes que aparecen en estos dibujos que representan la misma zona de la sabana africana, natural e imperturbable.

Como puedes comprobar, el número de elefantes es similar a pesar de que ha transcurrido un intervalo de 100 años.

Esta misma situación se repite en la mayoría de las poblaciones, cualquiera que sea su hábitat. A pesar de que todas las especies pueden tener más descendencia de la estrictamente necesaria para ser reemplazados, la cantidad de individuos tiende a ser la misma si las condiciones no varían. Esto ocurre porque no toda la descendencia sobrevive para poder reproducirse.

En el próximo capítulo averiguarás algunos de los factores que actúan sobre la supervivencia.

Capítulo 5

La lucha por la vida

¿Qué efectos tiene el entorno sobre la supervivencia?

El entorno de un conejo

El conejo, al igual que los demás seres vivos está en interacción con su entorno.

¿Cuál es el entorno de un conejo?

El suelo y el aire Un conejo vive sobre el suelo y debajo de él. Respira aire y construye madrigueras para refugiarse.

Otros conejos Para tener descendencia, el conejo necesita una pareja. Los conejos son animales sociables y construyen las madrigueras próximas unas a otras para formar un territorio propio.

Las plantas El conejo es un herbívoro, y depende de las plantas para alimentarse. Las plantas altas también le proporcionan un buen escondite.

El tiempo El tiempo afecta a un conejo de muy diversas maneras. Cuando llueve, el conejo tiende a quedarse en su madriguera. En cambio, cuando hace buen tiempo, la hierba crece más y le proporciona gran cantidad de alimento.

Otros animales Algunos animales comen los mismos alimentos que los conejos. Otros, como, por ejemplo, los zorros y los armiños, los cazan para alimentarse. Las pulgas y demás parásitos pueden vivir en la piel de un conejo.

Hemos visto algunos de los seres vivos y factores físicos que forman el entorno de un conejo. Todos ellos pueden influir en la supervivencia de este animal.

El entorno de un roble

El roble, al igual que los demás seres vivos está en interacción con su entorno.

¿Cuáles son los factores físicos y los seres vivos que constituyen el entorno de un roble?

El tiempo La lluvia proporciona al roble agua, y del sol recibe la energía que necesita para vivir y desarrollarse. La temperatura influye de muchas maneras en un árbol, como por ejemplo sobre el ritmo de crecimiento y la época de la floración.

El suelo y el aire Para poder vivir y desarrollarse, un roble necesita luz, aire, agua y nutrientes. Sus raíces absorben agua y nutrientes y lo mantienen fijado al suelo.

Los animales Animales muy diversos encuentran sus alimentos en el roble; se comen las hojas, la corteza, la savia o las bellotas. Muchos, también construyen sus guaridas sobre el árbol o dentro de él.

Las plantas Las plantas que crecen cerca de un roble pueden servirle de protección. Pero, al igual que el roble, necesitan luz y espacio y utilizan agua y nutrientes.

Todos estos seres vivos y el medio físico que les rodea influyen sobre la supervivencia de un roble.

No alcanza para todos

Los recursos del medio ambiente son limitados, y los seres vivos deben **competir** para obtener lo que necesitan.

Para reproducirse, un conejo macho necesita un **territorio** que incluye a las hembras, las madrigueras y un terreno para alimentarse. Sin embargo, los territorios no alcanzan para todos y, en la época de la reproducción, los machos deben competir unos con otros.

Cada año, nacen miles de robles pequeños que necesitan aire, agua y nutrientes. A medida que van desarrollándose, el medio no puede satisfacer las necesidades de todos los árboles, por lo que existe una lucha por la vida.

En la lucha por la vida y la reproducción, los seres vivos compiten con sus semejantes.

¿Cuáles son los efectos de esta competencia?

Los efectos de la competencia

¿Se lo lleva todo el vencedor?

Los ciervos viven en rebaños. La mayor parte del año, los machos viven separados de las hembras y las crías.

A finales de septiembre, los machos se desplazan hacia los territorios de apareamiento para buscar pareja. Los más viejos y fuertes rodean a un rebaño de hembras. Para mantener unido el rebaño, luchan contra sus competidores.

Los machos vencedores se aparean con la mayoría de las hembras de sus rebaños y tienen generalmente mucha descendencia.

Los otros tienen mucha menos puesto que no son capaces de reunir su propio rebaño y solamente se aparean con hembras aisladas. Los más débiles pueden incluso llegar a no aparearse.

Uno de los efectos de la competencia es que algunos seres vivos tienen mucha más descendencia que otros.

Muerte natural

Hace cuarenta y cinco años, en este bosque, había 60.000 ejemplares jóvenes de pino albar que crecían entre los más antiguos. De estos 60.000, solamente 1.000 han sobrevivido hasta alcanzar la madurez.

¿Qué ha ocurrido con todos los demás? ¿Han sido destruidos por un terrible desastre?

No, han muerto de forma natural...

Los ejemplares jóvenes de pino albar son muy pequeños. A medida que van creciendo y envejeciendo, necesitan más luz, espacio y nutrientes. El bosque no puede satisfacer las necesidades de todos ellos; por esta razón, los árboles compiten entre sí y muchos mueren antes de alcanzar la madurez.

Un efecto de la competencia es que solamente unos cuantos individuos sobreviven hasta alcanzar la madurez.

Competencia entre especies

El alimento de los topos y de los mirlos es el mismo: las lombrices. Los topos cazan lombrices bajo tierra y los mirlos lo hacen en la superficie.

Normalmente existe un delicado equilibrio entre el número de topos, mirlos y lombrices. Sin embargo, este equilibrio puede cambiar fácilmente...

Si las lombrices aumentaran...
Los topos y los mirlos tendrían más posibilidades de sobrevivir y tendrían probablemente más descendencia. Por tanto, existirían más topos y mirlos.

Si las lombrices disminuyeran...
La competencia por éstas sería más fuerte. Por tanto, muchos mirlos y topos morirían, a no ser que encontrasen alimentos alternativos.

Si la mayoría de los topos muriera...
Habría más lombrices para los mirlos; luego éstos tendrían más posibilidades de sobrevivir y probablemente más descendencia. Un aumento del número de mirlos podría afectar a otras especies...

Las consecuencias
Cuando especies diferentes necesitan los mismos recursos,

- los cambios en los recursos, y
- los cambios en el número de los individuos de una de las especies

pueden repercutir en muchos componentes del medio y en la supervivencia de otras muchas especies.

Luchando por sobrevivir

Cada año, una langosta hembra, como ésta, pone miles de huevos que transporta unidos a su cuerpo.

Las larvas, que se desarrollan a partir de los huevos, compiten entre ellas para encontrar cobijo y alimentos. No obstante, aunque estos recursos sean suficientes para todas, muchas no sobreviven.

¿Qué les ocurre?

Los depredadores, incluidos el bacalao y el pulpo, se las comen.

Estos forman parte del medio. Reducen el número de descendientes que sobreviven para reproducirse.

Ahora podemos empezar a entender de qué manera influye el medio en la supervivencia...

Todos los seres vivos necesitan alimentos, espacio y un medio adecuado para vivir. Sin estos elementos, su vida es imposible.

Sin embargo, los recursos del medio ambiente son limitados y los seres vivos deben competir entre ellos para obtener lo que necesitan para vivir.

No todos los seres vivos sobreviven para dar vida a las crías de su misma naturaleza. A veces, la supervivencia es una cuestión de suerte..., pero algunos individuos tienen más posibilidades que otros de tener descendencia.

Caracol navarrico *Cepaea nemoralis*

Capítulo 6

Algunas diferencias importantes

Cualquiera que sea la especie que observes, siempre puedes encontrar diferencias entre los individuos de la misma.

Variación

Todos los miembros de una especie son similares, pero no idénticos.

Por ejemplo, los seres humanos pertenecen todos a la misma especie pero son tan diferentes que es fácil reconocer a una persona entre un grupo de gente.

Si observas con detenimiento, también podrás encontrar diferencias entre los individuos de otras especies.

Aros
Arum maculatum

Caracol navarrico
Cepaea nemoralis

Mariposa gitana
Arctia caja

Los aros pertenecen a una misma especie aunque son muy diferentes unos de otros. Sus hojas pueden ser lisas o manchadas, y parte de sus flores, moradas o amarillas.

Estos **caracoles navarricos** son de la misma especie aunque presentan diferencias entre ellos. Sus conchas pueden ser de colores diversos, lisas o a rayas.

Las mariposas gitanas son de la misma especie aunque puede haber variaciones individuales: dibujos diferentes en las alas.

Las **margaritas** son de la misma especie aunque también puede haber variaciones individuales. Su tamaño no es siempre el mismo y el número de pétalos tampoco.

Margarita
Leucanthemum

¿Cuáles son las causas de la variación?
Una parte de la variación se **hereda**.
En el capítulo 7 desarrollaremos este tema.

Pero algunas variaciones son originadas por el **entorno.**

Variación provocada por el entorno

Flamencos descoloridos

En su entorno natural, estos flamencos tienen plumas de color rosa intenso. Este color lo provoca un pigmento que estos animales obtienen de las algas microscópicas de las que se alimentan y que no pueden fabricar ellos mismos.

Cuando están en cautividad, y no reciben una dieta correcta, los flamencos pierden su color rosa intenso.

La variación provocada por el entorno... no se transmite

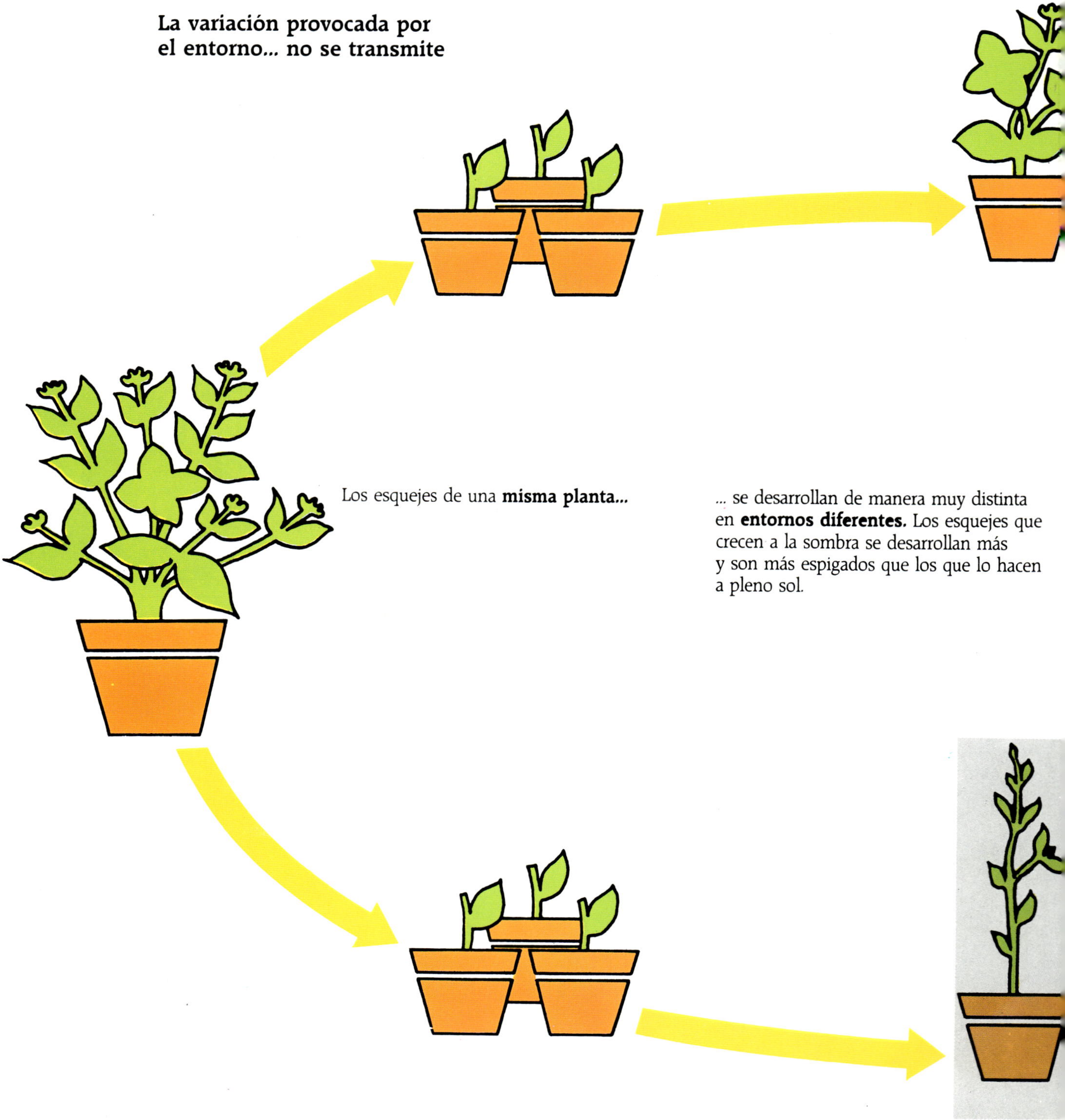

Los esquejes de una **misma planta...**

... se desarrollan de manera muy distinta en **entornos diferentes.** Los esquejes que crecen a la sombra se desarrollan más y son más espigados que los que lo hacen a pleno sol.

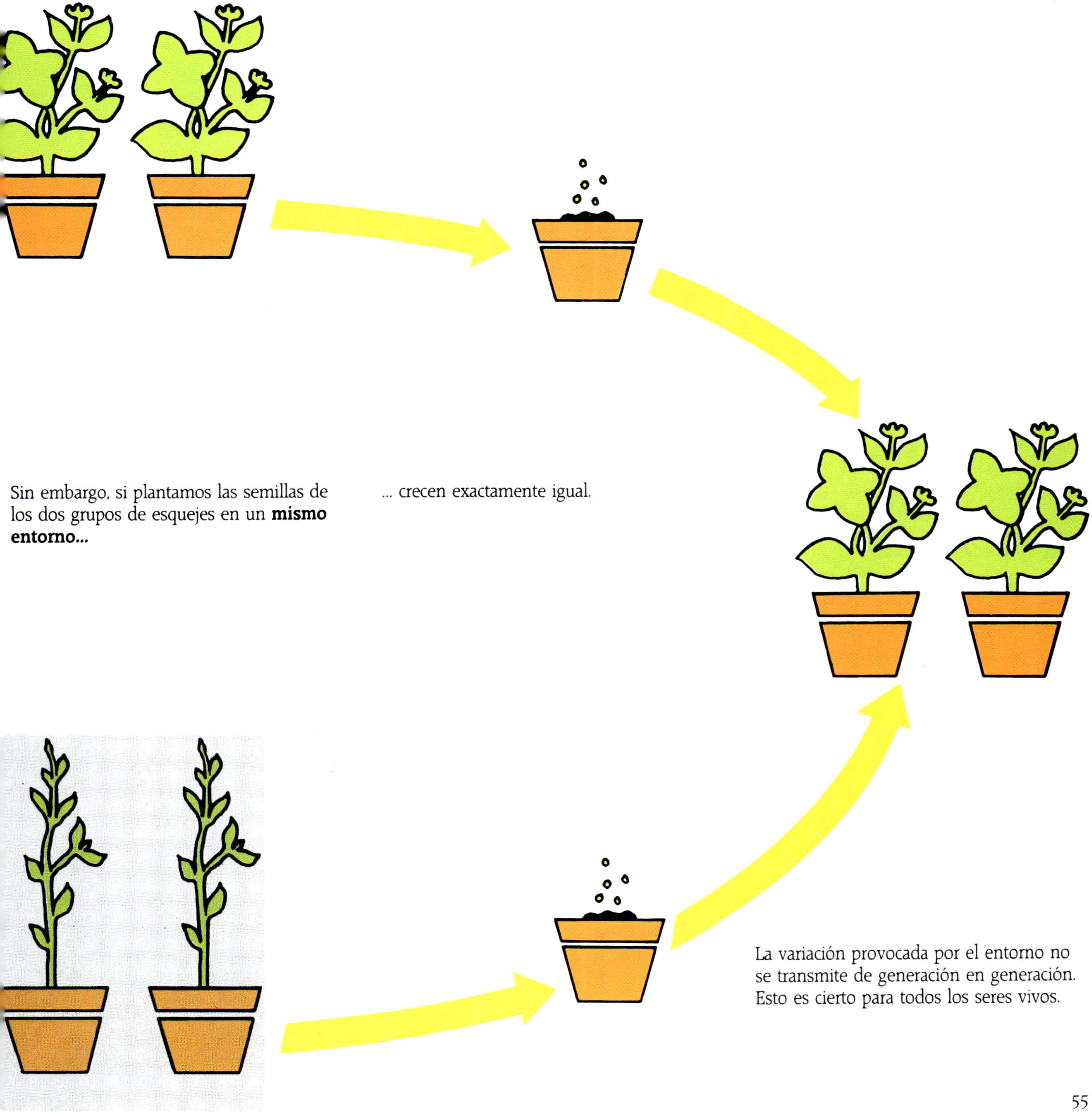

Sin embargo, si plantamos las semillas de los dos grupos de esquejes en un **mismo entorno...**

... crecen exactamente igual.

La variación provocada por el entorno no se transmite de generación en generación. Esto es cierto para todos los seres vivos.

Capítulo 7

Una cuestión de herencia

Es fácil distinguir cuáles son las crías que pertenecen a cada uno de los padres.
Los seres vivos se asemejan a sus padres.

Un caso evidente de herencia

Los cucos ponen sus huevos en los nidos de otras aves. De esta forma, los huevos son incubados por aves de otras especies. Sin embargo, cuando crecen se parecen a sus verdaderos padres, en su aspecto físico, su comportamiento y en el funcionamiento de sus cuerpos.

Antes de poner su propio huevo, la hembra del cuco retira un huevo del nido del ave hospedadora.

La puesta

La puesta de los huevos está controlada por hormonas y se produce en momentos diferentes en las diversas especies. La mayoría de las aves ponen los huevos por la mañana, pero los cucos los ponen por la tarde, cuando hay más probabilidades de que las otras aves no estén en sus nidos.

El comportamiento

Alrededor de diez horas después de haber salido del huevo, el joven cuco empieza a expulsar a los otros huevos del nido. Este comportamiento aumenta las posibilidades de supervivencia del cuco ya que se deshace de las otras crías que podrían competir con él para conseguir alimento.

Los seres vivos **heredan** muchos caracteres de sus padres: su aspecto físico, su comportamiento y el funcionamiento de sus cuerpos.

Como es la vaca, así es el ternero

Los caracteres heredados están controlados por las instrucciones genéticas: **los genes,** que son transportados por los **cromosomas** en el núcleo de la célula. La mayoría de las células contienen dos juegos de cromosomas complementarios, y por tanto dos juegos de genes. Durante la reproducción cada padre transmite un juego de genes.

En el ganado de cuernos cortos (o mocho) se hereda el color del pelo. Los padres mochos siempre tienen crías blancas.

Sin embargo, no todo el ganado mocho es de color blanco. Algunos tienen el pelo rojo, y otros una mezcla de rojo y blanco **(ruanos).**

¿Qué tipo de terneros piensas que podrían tener estos padres ruanos?

Herencia variada

Las crías de padres ruanos no son todas iguales. Algunas son ruanas, como sus padres, pero otras pueden ser o bien rojas o blancas.

Para entender por qué se produce esta variación necesitamos tener más información sobre los genes involucrados.

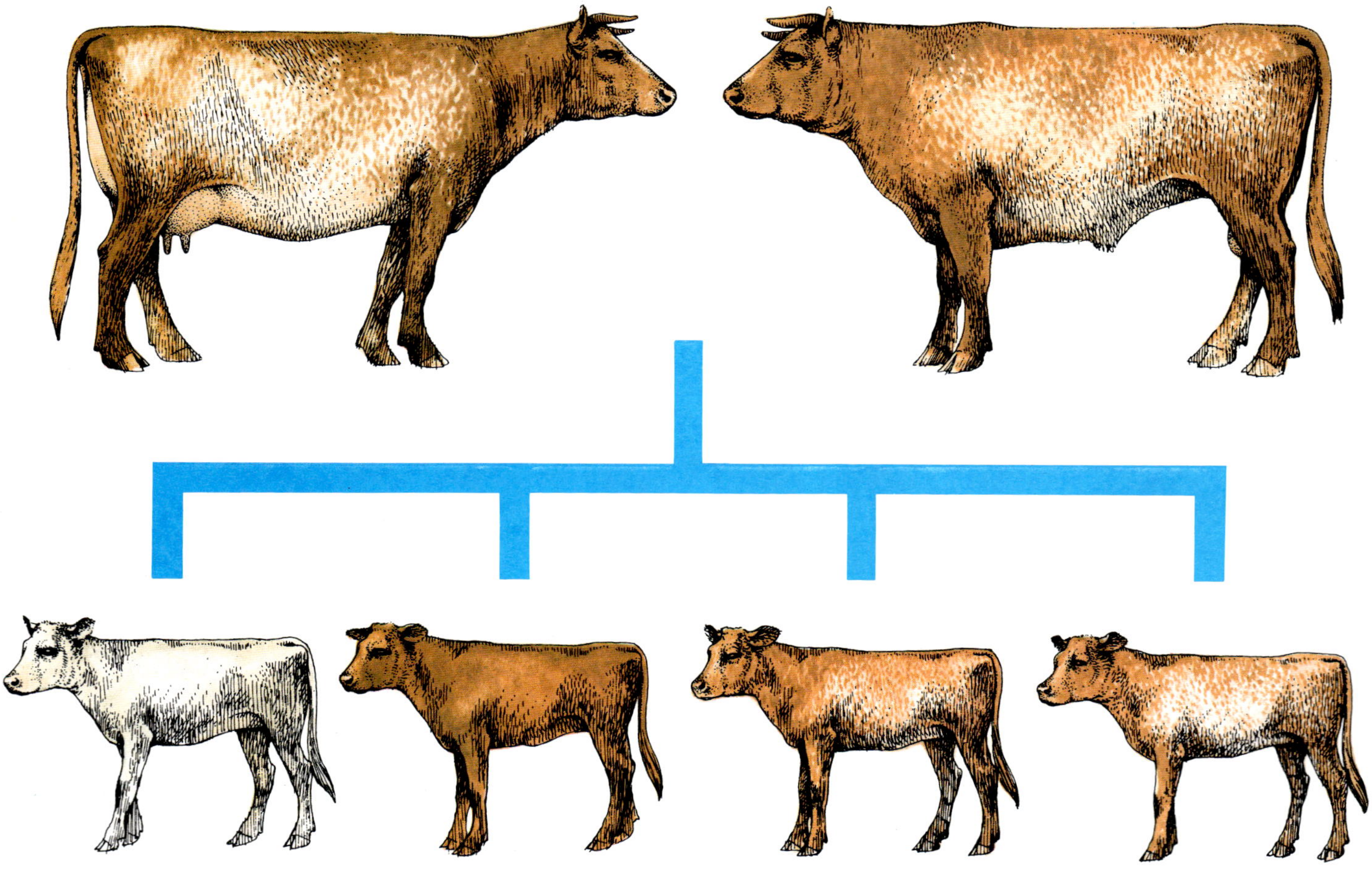

Genes y color del pelo

El color del pelo se controla mediante un solo par de genes. Existen dos genes diferentes para el color del pelo: uno para el rojo y otro para el blanco. Un ternero con un par de genes «blancos» es blanco, y uno con un par de «rojos» es rojo. Sin embargo, un ternero con un par de genes mixtos es de color ruano.

Un ternero hereda de cada uno de sus padres el gen productor del color del pelo. Estos terneros son diferentes porque cada uno ha heredado una combinación de genes distinta.

Genes y variación

Este ejemplo representa la variación que un solo par de genes puede producir. Pero todos los seres vivos tienen miles de pares de genes que controlan su aspecto físico, su comportamiento y el funcionamiento de sus cuerpos. Por ello, la variación potencial es enorme.

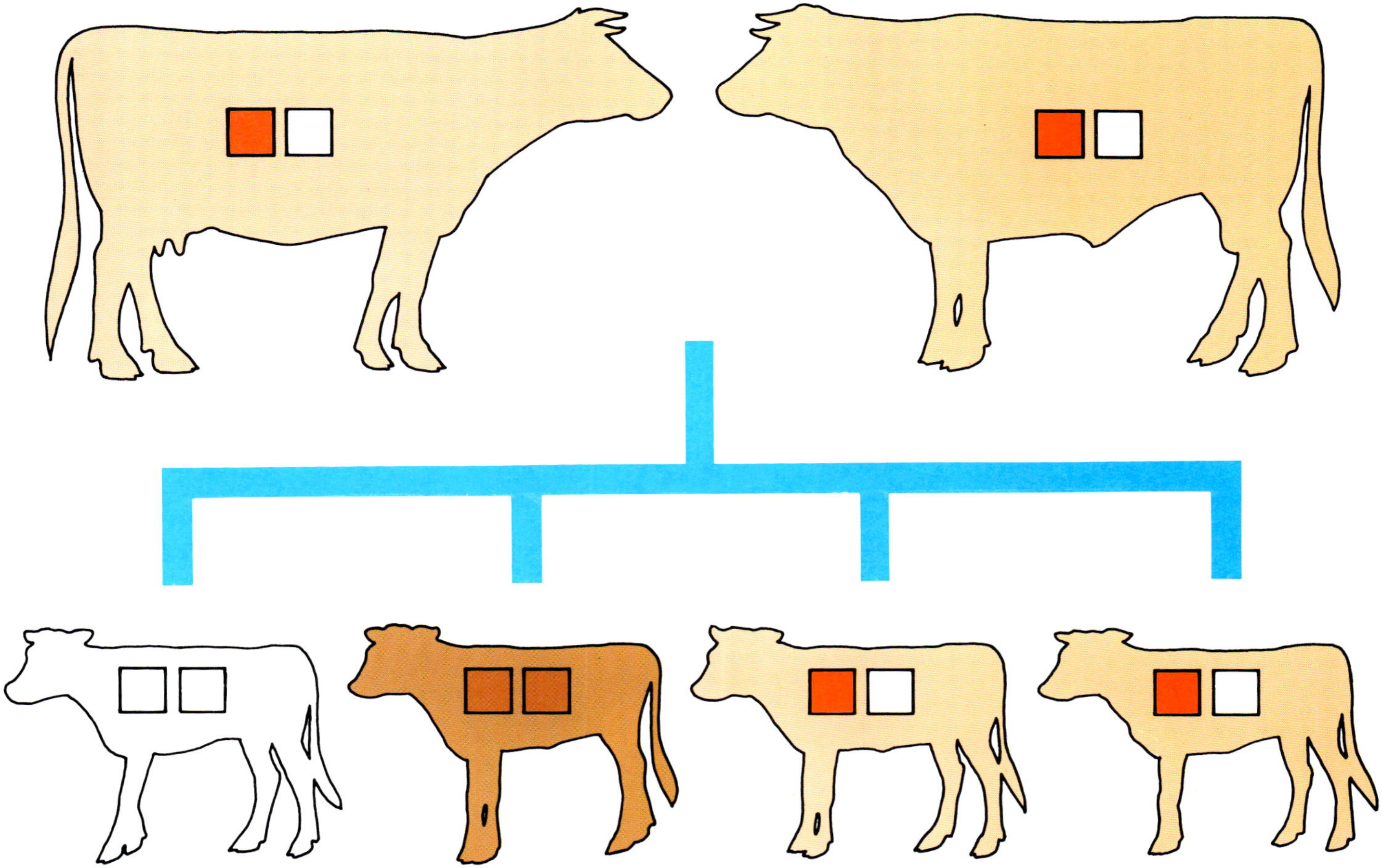

Variaciones nuevas

A veces se produce una variación totalmente nueva que se hereda, pero que no puede originarse por la combinación de los genes de los padres. Examinemos el siguiente ejemplo.

El caso de las ovejas de pata corta

1. En 1791, en la granja de Seth Wright, en Nueva Inglaterra nació un carnero atípico... tenía patas cortas y torcidas.

2. Esto le hizo pensar a Seth que si esas patas cortas se podían heredar, él sería capaz de criar un rebaño entero de ovejas de pata corta. Entonces no necesitaría poner vallas tan altas alrededor de su granja y gastaría menos dinero en materiales.

3. Seth utilizó el carnero para criar. Dos de las crías tenían patas muy cortas y torcidas.

4. Cruzando a estas dos ovejas, Seth obtuvo un rebaño entero de este tipo: la raza Ancon.

Un nuevo gen, una nueva raza

Seth tuvo suerte. La causa de que el carnero tuviera patas cortas era un gen cambiado: una **mutación**.

El carnero transmitió la mutación a algunas crías y por lo tanto éstas también tenían patas cortas.

Al cruzar este tipo de ovejas entre sí, Seth creó finalmente un rebaño completo de ovejas de pata corta: la raza de Ancon.

Nunca hubiera podido producir un rebaño como el de las ovejas Ancon si se hubiera limitado a cruzar las ovejas que en su rebaño primitivo tenían las patas más cortas.

Mutación y variación

Las mutaciones son provocadas por un cambio en la composición química de un gen o en la estructura de un cromosoma y se producen constantemente. En el caso de las ovejas de pata corta, una mutación provocó un cambio evidente. Pero muchas mutaciones tienen efectos muy insignificantes o no tienen ninguno. Por otra parte, muchas pueden ser perjudiciales o incluso mortales.

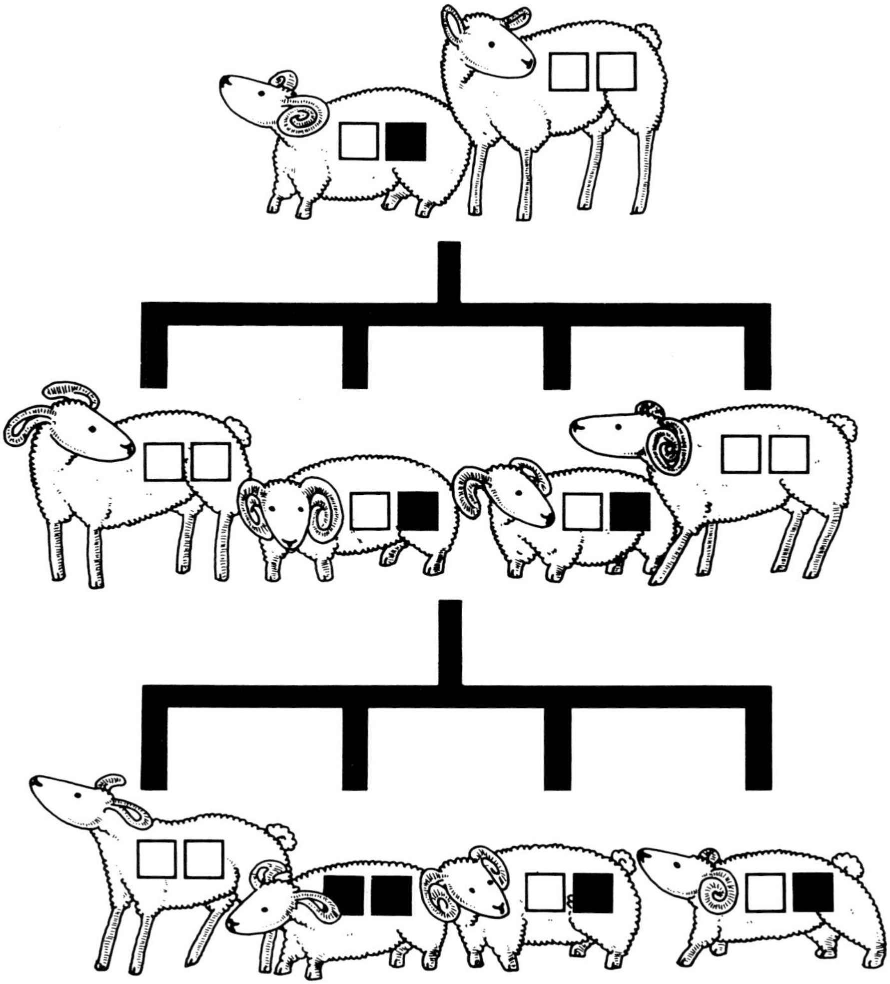

La hemofilia: una mutación perjudicial

La hemofilia es una enfermedad de la sangre que se hereda y está provocada por la mutación de un gen que afecta a la coagulación de la sangre. La sangre de los hemofílicos se coagula muy lentamente y por lo tanto pueden desangrarse hasta morir aunque las heridas sean muy leves.

Muchos descendientes de la reina Victoria tenían hemofilia que les había sido transmitida por ella.

Este árbol genealógico representa los miembros de la familia real que eran hemofílicos.

Localiza la mutación a través de las generaciones.

Los hombres que heredaron la mutación eran hemofílicos.

Las mujeres, en cambio, eran portadoras. No eran hemofílicas, pero podían transmitir la mutación a sus hijos. (Las mujeres tienen hemofilia únicamente si heredan la mutación por parte de ambos progenitores y esto no fue lo que ocurrió entre los descendientes de la reina Victoria.)

Eventualmente, la hemofilia llegó a desaparecer de la familia real.

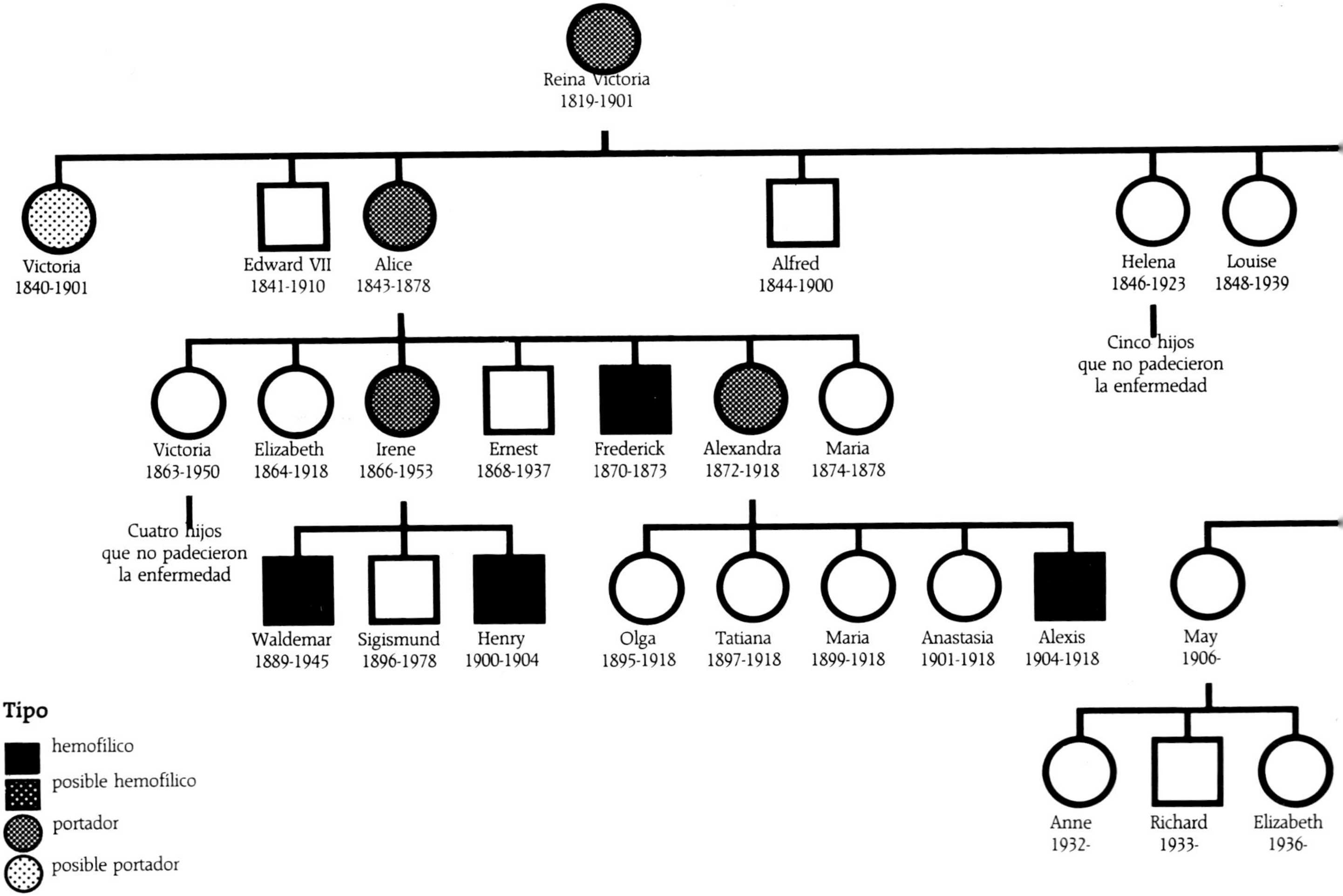

Herencia y variación

Ahora podemos empezar a entender algunas de las causas de la variación entre los individuos de una misma especie. Alguna variación la provoca el **entorno** y no se transmite de una generación a la siguiente. Otras están controladas por los **genes** y pueden transmitirse de generación en generación. Gran parte de la variación que observamos es el resultado de ambos agentes.

La relación entre los genes y la variación heredada, rara vez es tan sencilla como en el ejemplo del color del pelo que describimos en las páginas anteriores. El estudio de la herencia: la **genética** es un tema complejo y para los lectores que deseen más información, hemos confeccionado una lista de libros útiles en la página 118.

El propio Darwin ignoraba todo lo relacionado con los mecanismos genéticos que controlan la herencia. Todo lo que sabía es que ciertos caracteres podían transmitirse de una generación a otra. Este conocimiento le permitió formular su teoría de la selección natural...

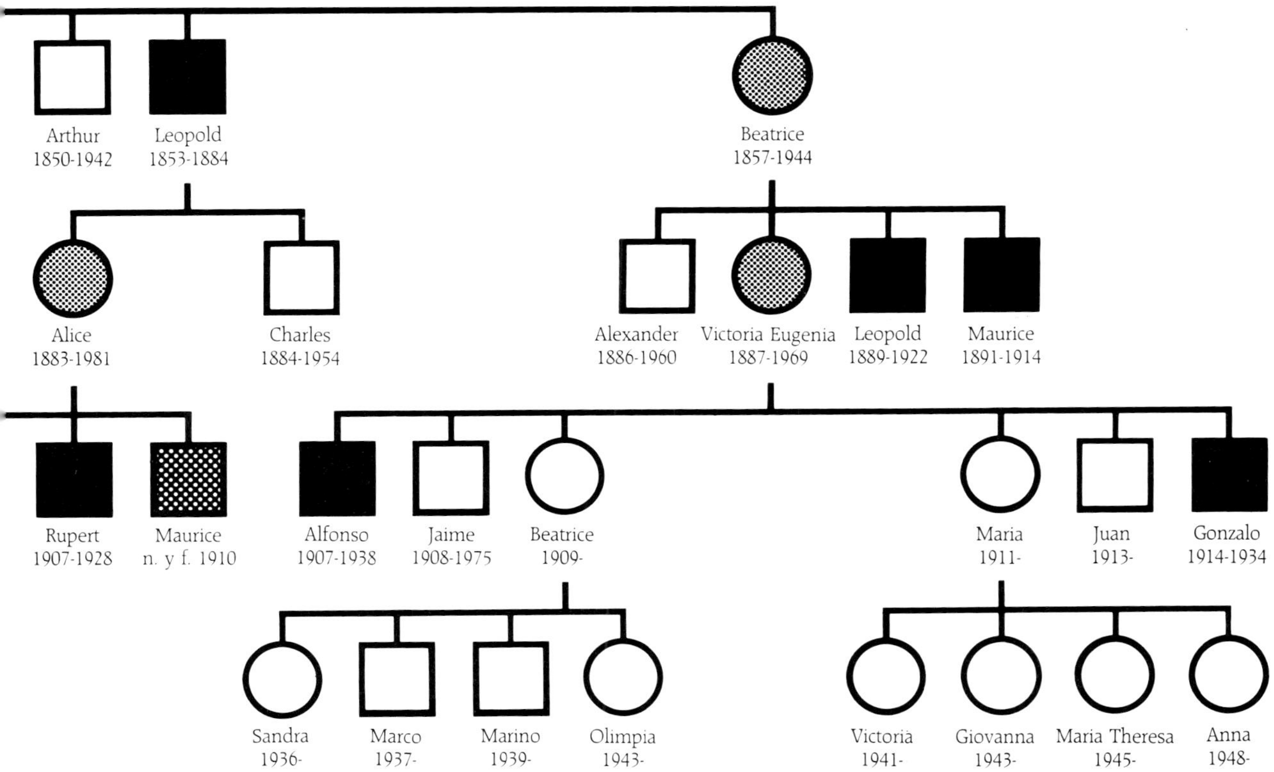

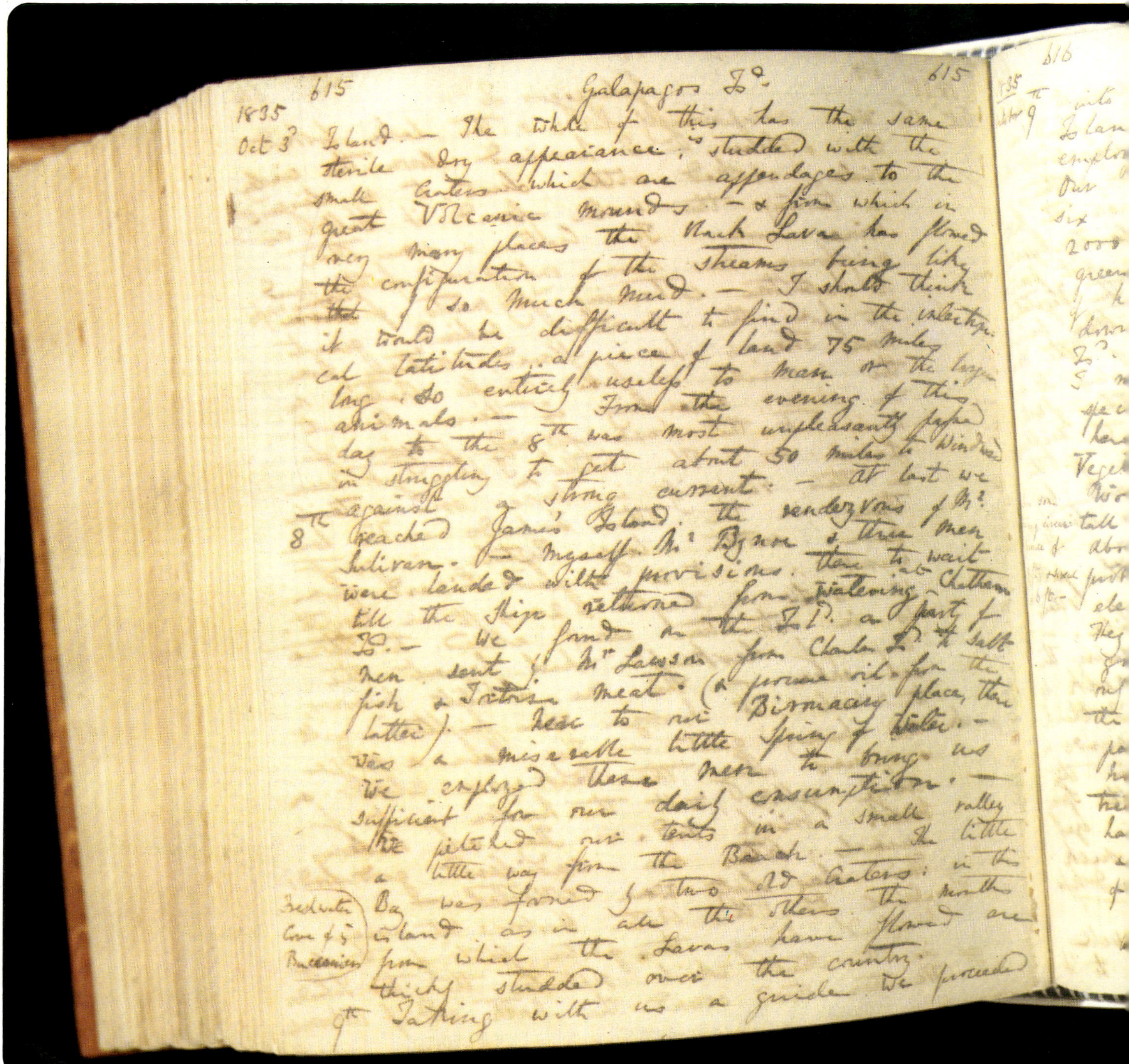
615 Galapagos Id. 615

1835 Oct 3d Island. — The whole of this has the same sterile dry appearance; is studded with the small Craters which are appendages to the great Volcanic mounds — & from which in very many places the black Lava has flowed the configuration of the streams being like so much mud. — I should think it would be difficult to find in the intertropical latitudes, a piece of land 75 miles long, so entirely useless to man or the larger animals. — From the evening of this day to the 8th was most unpleasantly passed in struggling to get about 50 miles to Windward against a strong current. — At last we

8th reached James Island, the rendezvous of Mr. Sulivan. — Myself, Mr Bynoe & three men were landed with provisions there to wait till the ship returned from watering at Chatham Id. — We found on the Id. a party of men sent by Mr Lawson from Charles Id. to salt fish & Tortoise meat. (& procure oil from the latter). — Near to our Bivouacing place, there was a miserable little Spring of water. — We employed these men to bring us sufficient for our daily consumption. — We pitched our tents in a small valley a little way from the Beach. — The little Bay was formed by two old Craters; in this island as in all the others the mouths from which the Lavas have flowed are thickly studded over the country.

Freshwater Cove of y Buccaniers

9th Taking with us a guide we proceeded

Una página del diario que Darwin escribió durante su viaje en el *Beagle*.

Capítulo 8

Selección natural

¿Qué es la selección natural y cómo actúa?

La teoría de Darwin

La teoría de la selección natural de Darwin se basaba en las cuatro ideas sobre las especies que hemos tratado en los capítulos anteriores. Es fácil seguir los pasos del argumento de Darwin si aplicamos estas cuatro ideas a los seres vivos...

1. Más descendencia de la necesaria

Todas las especies son capaces de crear más descendencia de la necesaria para reemplazar a los existentes.

Una pareja de **ratones** puede tener una camada de unas seis crías hasta seis veces por año. Al cabo de seis semanas de vida estas crías pueden, a su vez, tener descendencia.

Si todos estos ratones sobrevivieran y siguieran reproduciéndose, ¡imagínate cuántos ratones habría!

¿Por qué no está la tierra llena de ratones? Aunque una pareja de ratones puede tener más descendencia de la necesaria para perpetuar la especie, el número, en cualquier población, tiende a permanecer más o menos constante, ya que no todas las crías sobreviven para reproducirse.

2. La lucha por la vida

El entorno puede influir sobre la posibilidad de supervivencia de un individuo.

Todos los seres vivos están en interacción con su entorno. Este les proporciona alimento, espacio y lugares para vivir, aunque también en él hay competidores y depredadores. Por tanto, en ninguna población sobreviven todos los individuos para reproducirse...

Un ratón puede ser comido por un depredador.

O puede no encontrar pareja.

O puede que no consiga obtener alimento.

O puede que no encuentre un lugar para criar.

¿Por qué sobreviven algunos y otros no? En algunos casos en una cuestión de suerte.

Por ejemplo, una rama que cae de un árbol puede caer sobre algún ratón que se encuentre debajo de ella. En una situación como ésta, ningún ratón tiene más probabilidades de sobrevivir que otro.

Si todos los ratones fueran idénticos, la supervivencia sería **siempre** una cuestión de suerte.

3. Algunas diferencias importantes

Puesto que los individuos no son todos iguales, algunos tienen más probabilidaes de sobrevivir que otros.

Dos ratones no son nunca exactamente iguales y algunos de los caracteres que los diferencian, pueden influir en las probabilidades de supervivencia.

Los ratones no son todos del mismo color; algunos son más oscuros que otros.

Los ratones son comidos por las lechuzas que los cazan localizándolos por la vista.

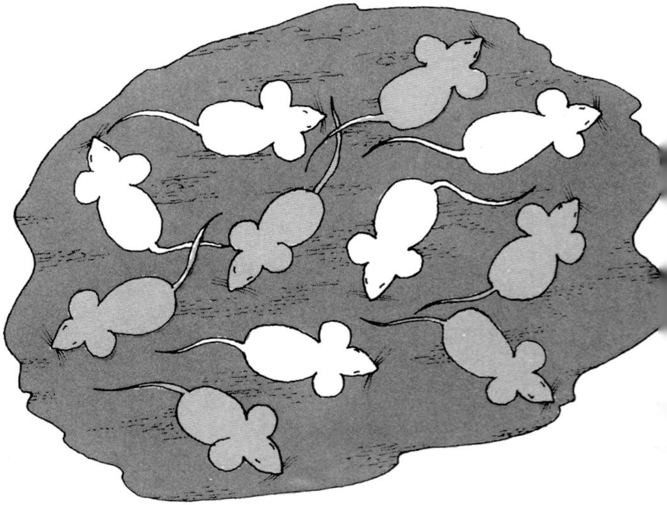

Sobre un fondo oscuro, los ratones pálidos se ven más fácilmente, por lo tanto son los que más probabilidades tienen de ser comidos por las lechuzas. Los ratones oscuros **se adaptan mejor** a este entorno y tienen más probabilidaes de sobrevivir.

Los individuos que mejor se adaptan a su entorno son los que más posibilidades tienen de sobrevivir y reproducirse.

4. Una cuestión de herencia

Ciertos caracteres se transmiten a la nueva generación. Algunas variaciones entre individuos se heredan, como por ejemplo los ratones, que heredan el color del pelo.

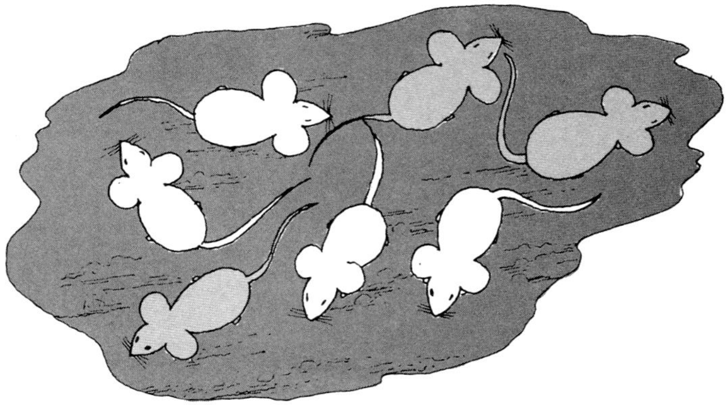

En un terreno oscuro, a los depredadores les es más difícil ver a los ratones oscuros, luego estos tienen más probabilidades de sobrevivir y reproducirse. Sus caracteres son los que probablemente se transmitirán a la nueva generación.

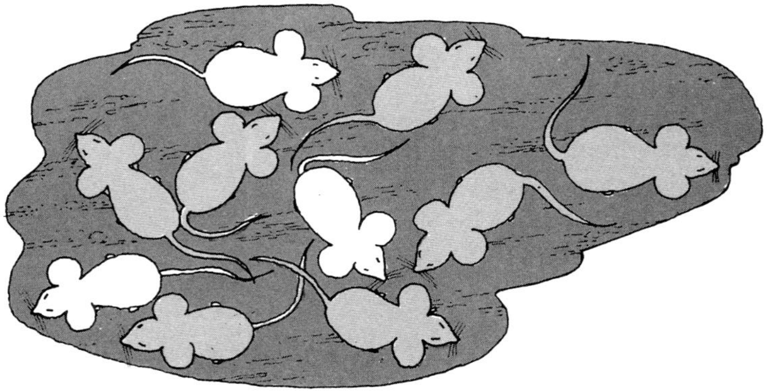

En esta nueva generación, habrá una proporción más elevada de ratones oscuros que en la anterior.

Si las condiciones no cambian, la proporción de ratones oscuros seguirá aumentando. Al final, toda la población será de color oscuro.

Al cabo de muchas generaciones, la proporción de individuos mejor adaptados al entorno tiende a aumentar. A este proceso, Darwin lo llamó **selección natural.**

La selección natural puede explicar cómo los caracteres de una población se modifican a medida que los individuos se adaptan mejor a su entorno. Esta teoría también puede tener otros efectos que desarrollaremos en el próximo capítulo.

Capítulo 9

Los efectos de la selección natural

La teoría de la selección natural puede explicar una inmensa variedad de situaciones que observamos en la naturaleza.

Las mariposas del abedul: cambiando con los tiempos

Un efecto de la selección natural es que los caracteres propios de una población pueden variar.

Las mariposas del abedul son bastante comunes en Gran Bretaña. Todas las capturadas antes de 1848 eran así...

Mariposa del abedul
(clara)
Biston betularia

Más adelante, en 1848, en Manchester, se capturó una mariposa oscura de la misma especie.

Mariposa del abedul
(oscura)
Biston betularia

Estas dos colecciones se componen de las mariposas del abedul típicas que vivían en los alrededores de Manchester en 1850 y 1900. La diferencia entre las dos poblaciones es obvia.

¿Cómo puede explicarse esta diferencia por la teoría de la selección natural?

Las crías de las mariposas oscuras son generalmente oscuras. Por tanto, si la selección natural provocó el cambio entre la población de mariposas, esto fue debido a que las oscuras se adaptaban mejor a su entorno que las claras. ¿En qué sentido?

Los cambios en el entorno de las mariposas del abedul
Varias especies de aves se alimentan de estas mariposas que descansan en el tronco de los árboles durante el día.

En el siglo XIX, el entorno de las mariposas del abedul cambió de forma radical. Antes de la revolución industrial, la mayoría de los troncos de los árboles eran grises y con motas porque había líquenes incrustados en ellos.

Hacia finales del siglo, en muchas zonas industriales, el hollín y el humo de las fábricas destruyeron la mayoría de los líquenes y oscurecieron los troncos.

Compara los dos entornos. En cada una de las situaciones, ¿cuáles son las mariposas que tienen más posibilidades de sobrevivir y de reproducirse?

Manchester, 1850. Hay 6 mariposas en este tronco. ¿Qué mariposas se adaptan mejor a su entorno, las claras o las oscuras?

50 años más tarde. Hay 6 mariposas en este tronco ennegrecido. ¿Qué mariposas se adaptan mejor a su entorno, las claras o las oscuras?

La selección natural en acción
Algunos experimentos han confirmado que las aves encuentran y comen más mariposas **oscuras** en los troncos claros cubiertos de líquenes, pero comen más mariposas **claras** en los troncos ennegrecidos por la polución.

Por tanto, en una zona industrial, las mariposas oscuras tienen más posibilidades de sobrevivir y reproducirse, aumentando así la proporción de mariposas oscuras. Ello explicaría el cambio tan rápido que se produjo el siglo pasado en la especie de las mariposas del abedul que vivía en los alrededores de las ciudades industriales.

¿Qué está ocurriendo ahora?
En 1956, el gobierno de Gran Bretaña aprobó el Clean Air Act, ley para reducir la polución del aire. Desde entonces la proporción de mariposas claras en las zonas industriales ha ido aumentando. ¿A qué crees que es debido?

El caso de las mariposas del abedul nos muestra cómo la selección natural puede **cambiar** los caracteres de una población.

Un trepatroncos comiéndose una mariposa del abedul

Manchester, 1980

Cambiando con los tiempos: otros ejemplos

Resistencia a los antibióticos
Un antibiótico raras veces logra destruir todas las bacterias para las que fue empleado. Las pocas bacterias que sobreviven se reproducen muy rápidamente y, por esta razón los efectos de la selección natural se pueden observar a muy corto plazo. La población cambia muy rápido y en poco tiempo se compone de individuos que no son afectados por el antibiótico. Se dice que este tipo de población es **resistente** al antibiótico.

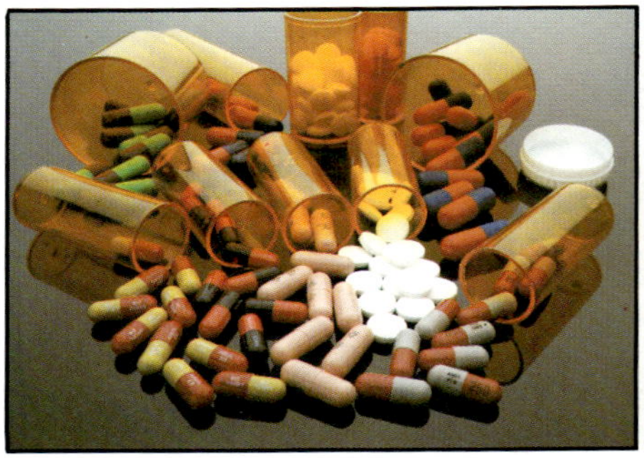

Resistencia a los insecticidas
Si las bacterias pueden ser resistentes a los antibióticos, los insectos pueden volverse resistentes a los insecticidas.

A veces, intentamos destruir insectos perjudiciales con insecticidas; pero éstos rara vez destruyen a todos los insectos. Algunos sobreviven, se reproducen y por ello se desarrolla una población resistente al insecticida.

Los recién nacidos: un promedio constante

Otro efecto de la selección natural es que una población bien adaptada a su medio no sufre ningún cambio.

El **peso de un bebé** al nacer es un carácter que se hereda parcialmente.

Hace 40 años, en un estudio sobre unos 14.000 bebés recién nacidos en un hospital de Londres, se halló una relación entre el peso y sus posibilidades de supervivencia a los 28 días del nacimiento.

Suponiendo que los humanos sean una especie que se adapta bien a su entorno, podemos esperar que estos bebés tengan muchas posibilidades de sobrevivir.

¿Es esto lo que descubrieron los científicos?

Los resultados

Lo que pesaban los bebés

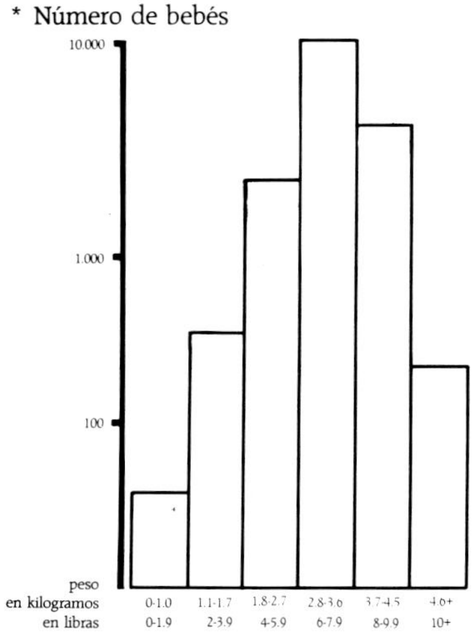

* trazados en una escala logarítmica

Algunos bebés pesaban más que otros, pero ¿cuál era el peso **más corriente?**

Lo que ocurrió a los bebés

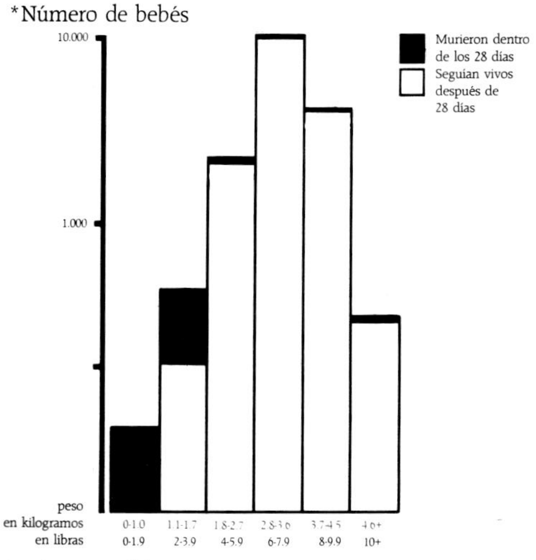

*trazados en una escala logarítmica

Parece que algunos bebés tenían más posibilidades de sobrevivir que otros.

¿Cómo se pueden explicar estos resultados por la teoría de la selección natural?

Cómo influyó el peso de los bebés en su supervivencia

Nacieron pocos bebés **pequeños,** y de éstos sobrevivieron pocos, al nacer subdesarrollados.

Nacieron aún menos bebés **grandes,** y algunos murieron principalmente por dificultades durante el parto.

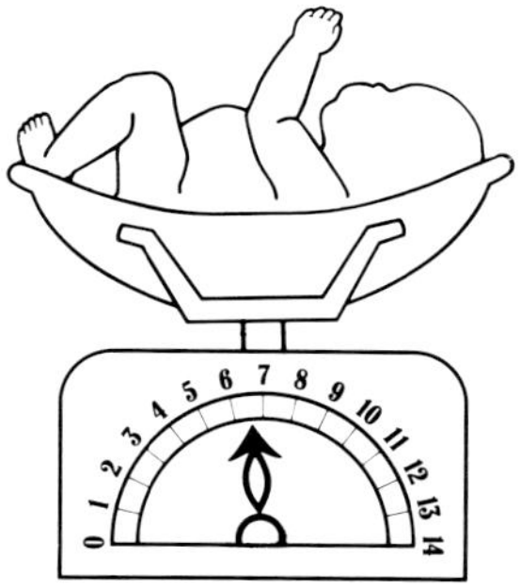

La mayoría de los bebés eran de **tamaño mediano** y tenían bastantes posibilidades de sobrevivir, pero más los que pesaban entre 2,8 y 3,6 kilos (de 6 a 8 libras).

La selección natural en acción

El estudio mostró que:

- los bebés de tamaño mediano eran los más comunes,
- los bebés de tamaño mediano eran los que tenían más posibilidades de sobrevivir y los que mejor se adaptaban a su entorno.

Por lo tanto, estos bebés eran los que probablemente transmitían sus caracteres (peso de nacimiento incluido) a la siguiente generación.

En otras palabras, la selección natural mantenía una elevada proporción de los bebés que tenían el peso mejor adaptado a su entorno, y por tanto sobrevivía la población mejor adaptada.

Los pinos de corteza blanca: una división natural

Otra consecuencia de la selección natural es que una sola población se puede dividir en dos tipos diferentes.

Los pinos de corteza blanca viven en las laderas de Sierra Nevada, en América. Existen dos tipos: los **árboles bajos** y los **árboles altos.**

Cada tipo presenta un aspecto diferente, debido a una cuestión de herencia. Los dos tipos pueden cruzarse entre sí para producir híbridos de diversas formas. Pero estos son muy escasos y la mayoría de los pinos de corteza blanca son árboles bajos o altos.

¿Cómo se puede explicar este fenómeno por la teoría de la selección natural?

Pino de corteza blanca
Pinus albicaulis

pino bajo pino alto híbrido

Altitudes diferentes: entornos diferentes

Las vertientes más altas y las más bajas de las montañas, constituyen entornos completamente diferentes para los pinos de corteza blanca.

En las vertientes más altas, hace frío y viento. Los vientos secan y estropean las plantas y la tierra congelada impide que las raíces absorban el agua del suelo.

En las vertientes más bajas, la temperatura es suave y son zonas protegidas de las inclemencias del tiempo. Estas condiciones proporcionan a las plantas un suministro regular del agua que se encuentra en el suelo. Los árboles se resguardan del viento entre sí pero impiden que los más pequeños vean la luz.

En cada tipo de entorno, ¿qué clase de pino tendría mayor probabilidad de sobrevivir: los altos, los bajos o los híbridos?

La selección natural en acción
Los pinos bajos se adaptan bien a las vertientes altas y los altos a las bajas, pero los híbridos no se adaptan bien a ninguno de estos dos entornos. Por tanto, los árboles altos y los bajos tienen muchas posibilidades de sobrevivir para transmitir sus caracteres a la siguiente generación, lo que no ocurre con los híbridos.

Esta especie de pino es un ejemplo de cómo la selección natural puede **dividir** una población en dos tipos diferentes.

División natural: otro ejemplo

Muchas especies se dividen en dos sexos: machos y hembras. Los dos sexos adoptan a menudo papeles diferentes y tienen características diferentes. Estas diferencias pueden perpetuarse debido a la selección natural.

Por ejemplo, un **faisán dorado** macho tiene un plumaje brillante y lleva a cabo una exhibición de cortejo. Las hembras relacionan estos dos caracteres con una pareja adecuada y los machos los identifican con un adversario. Un macho que tiene un comportamiento diferente, tiene menos posibilidades de encontrar una pareja y, por tanto, sus caracteres se transmitirán más difícilmente a la siguiente generación.

El faisán dorado hembra tiene un plumaje oscuro que le oculta de los depredadores mientras empolla los huevos. Una hembra que sea diferente tiene menos posibilidades de tener crías y, por tanto, sus caracteres se transmitirán más difícilmente a la siguiente generación.

La selección natural parece conservar las diferencias entre los machos y las hembras de esta especie y de otras muchas más.

Faisán dorado macho *Chrysolophus pictus*

Machos de faisán dorado luchando

Faisán dorado hembra

La anemia falciforme: un caso desconcertante

Otro efecto de la selección natural es que conserva la variación en una población.

La anemia falciforme es una enfermedad sanguínea que se hereda. La mayoría de las personas que la padecen no sobreviven y por tanto no tienen descendencia.
Al ser una enfermedad que se hereda, cabría pensar que ha sido eliminada por el proceso de selección natural, pero aún sigue siendo común en algunas poblaciones. ¿Cómo se explica este fenómeno?

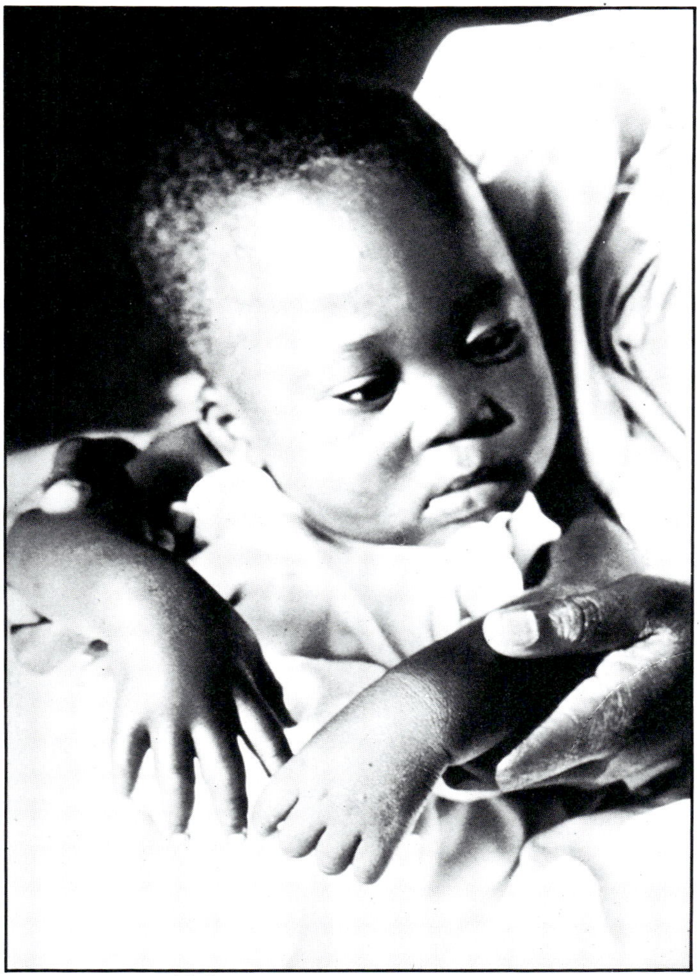
Niño con anemia falciforme

¿Qué es la anemia falciforme?
La anemia falciforme afecta a los **glóbulos rojos de la sangre** que transportan el oxígeno por nuestro cuerpo.

La mayoría de las personas tienen glóbulos rojos normales que presentan este aspecto...

Las personas que tienen anemia falciforme tienen glóbulos rojos con este aspecto...

Los glóbulos se han deformado, adoptando la forma de una hoz, y no pueden transportar suficiente oxígeno.

Los glóbulos rojos de algunas personas tienen este aspecto...

La mayoría de los glóbulos son normales, pero a veces unos cuantos se deforman.

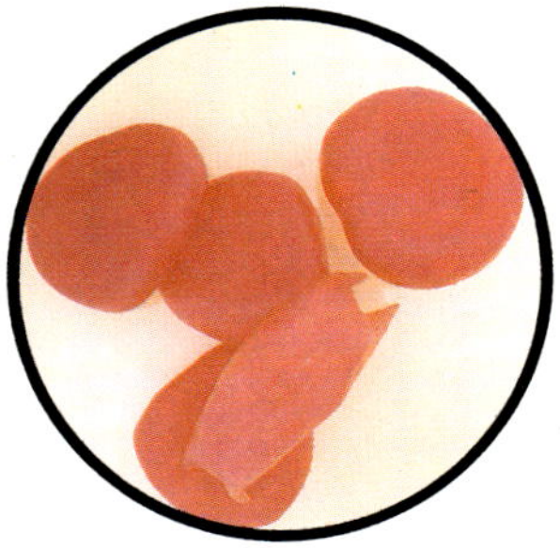

¿Cómo se hereda esta enfermedad?
Los caracteres que producen anemia falciforme se heredan mediante un solo par de genes. Estos son los que controlan la producción de **hemoglobina,** la substancia que contiene los hematíes y que transporta el oxígeno. La forma normal de la hemoglobina se denomina **A.** Existe también una hemoglobina ligeramente alterada, la hemoglobina **S,** producida por un gen anormal.

La mayoría de las personas heredan de los dos progenitores un gen **A** normal y a estas personas se les llama **AA.** Su hemoglobina es normal.

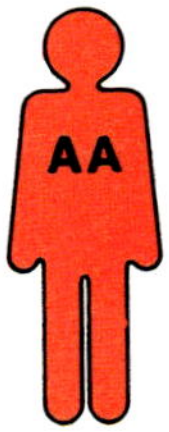

Las personas que tienen anemia falciforme heredan de los dos progenitores un gen **S,** anormal. Llamamos a estas personas **SS.** Toda su hemoglobina es anormal y por esta razón sus glóbulos rojos se deforman y adoptan la forma de una hoz.

Algunas personas heredan un gen **A** por parte de uno de los progenitores, y un gen **S** por parte de otro. Llamamos a estas personas **AS.** La mayor parte de su hemoglobina es normal, pero una parte es anormal.

El enigma

La mayoría de las personas que tienen anemia falciforme mueren antes de tener descendencia. Consecuentemente, los genes **S** desaparecen de la población. Por ello, podríamos pensar que esta enfermedad es muy escasa.

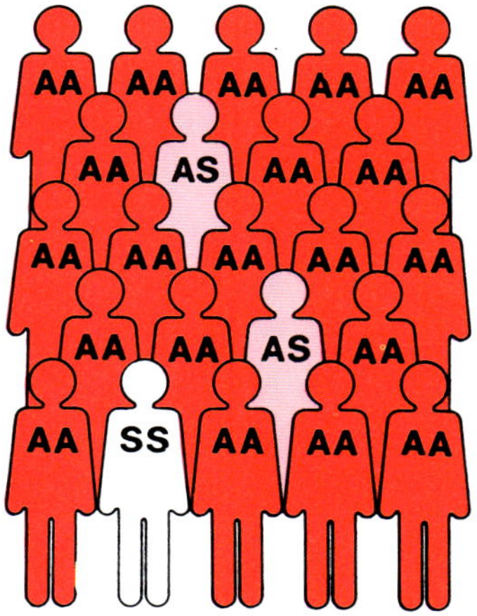

Sin embargo, todavía hoy es bastante común. Cada año miles de bebés **SS** mueren de anemia falciforme y en algunas poblaciones 1 de cada 4 adultos es **AS.**

¿Cómo se explica este fenómeno?

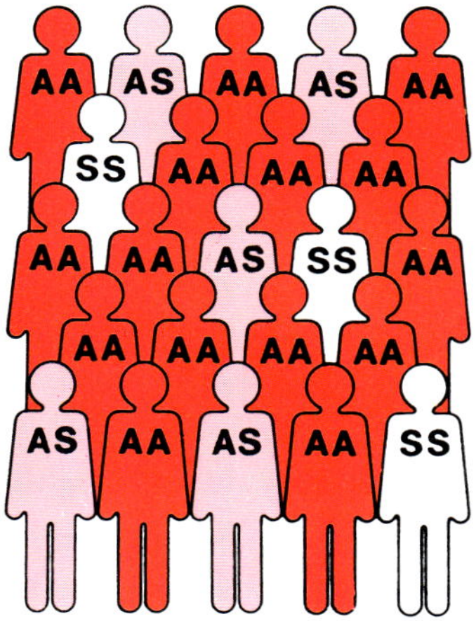

La clave

La anemia falciforme es más común en las zonas de Africa dónde existe el tipo de **malaria** más peligroso de todos.

La malaria la provoca un parásito que vive parte de su existencia en los glóbulos rojos.

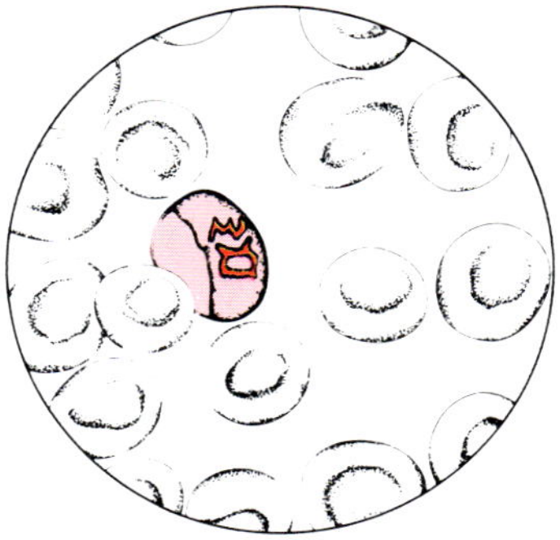

La evidencia vital

Las personas **AA** son poco resistentes a la malaria. Muchos mueren de esta enfermedad, y por consiguiente los genes **A** desaparecen de la población.

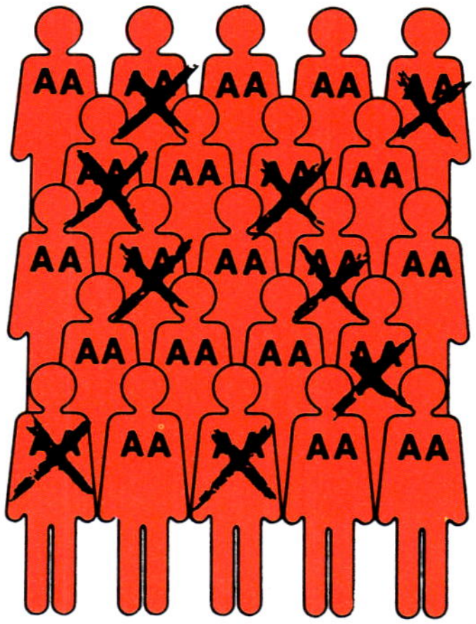

Las personas **AS** son más resistentes a la malaria. (Esto se debe probablemente a que los glóbulos de la sangre que contienen parásitos de malaria se deforman y, por tanto, los parásitos no se desarrollan totalmente.)

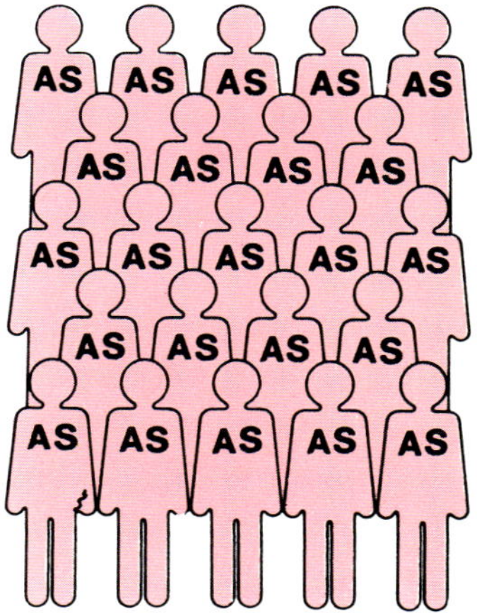

Puesto que las personas **AS** no suelen morir de malaria, sus genes **A** y **S** se conservan en la población.

En algunas zonas, los bebés **AS** son los que más posibilidades tienen de sobrevivir y tener descendencia porque son los más resistentes a la malaria. Si dos personas **AS** se casan, de sus 4 hijos, 1 será probablemente **SS** y tendrá anemia falciforme.

En resumen: una cuestión de equilibrio

Ahora podemos explicar por qué la anemia falciforme sigue siendo común en las zonas dónde existe la malaria.

El hecho de que los genes **A** y **S** **desaparezcan** de la población debido a la malaria y la anemia falciforme es un efecto de la selección natural.

Otro efecto de la selección natural es que los genes **A** y **S se conservan** en la población porque las personas **AS** son más resistentes a la malaria.

Existe un equilibrio entre estos dos efectos de la selección natural. La proporción de genes **A** y **S** en la población, depende de la malaria.

El caso de la anemia falciforme demuestra cómo la selección natural puede conservar la variación genética de una población.

Las mariposas «cola de golondrina» *Battus philenor* y *Papilio glaucus*; un caso de identidad errónea

A veces la selección natural no es una fuerza constante.

Las mariposas «cola de golondrina» de las especies *Battus philenor* viven en Norteamérica. Tienen un sabor tan desagradable que las aves aprenden rápidamente a no comérselas.

Las mariposas «cola de golondrina», *Papilio glaucus*, que viven en la misma zona que las anteriores, tienen un sabor agradable y las aves las prefieren. Existen dos tipos de hembras: unas, con rayas, como los machos, y otras, oscuras y que se parecen a la *Battus philenor*. Las hembras oscuras son **miméticas**.

¿Qué tipo de hembra tiene más posibilidades de sobrevivir?

Las miméticas son las que más posibilidades tienen, ya que se las confunde fácilmente con las *Battus philenor*, de sabor tan desagradable. Por tanto, las aves, que han aprendido a evitar a estas últimas, evitan también a las miméticas.

Si la selección natural entrase en acción en este caso, podríamos suponer que, a la larga, las mariposas miméticas sustituirían a las hembras rayadas. Pero esto no ha ocurrido, probablemente porque si hay muchas miméticas puede ocurrir que las aves no aprendan a asociar a las mariposas oscuras con el sabor desagradable. Por tanto, las probabilidades de supervivencia y reproducción de las miméticas dependen de la cantidad que haya de éstas.

En el caso de las mariposas *Papilio glaucus*, la selección natural no es una fuerza constante. Depende del número de individuos de diversos tipos que haya en una misma población.

Battus philenor
hembra

Papilio glaucus
hembra

Papilio glaucus
hembra mimética

Battus philenor
macho

Papilio glaucus
macho

Las mariposas «cola de golondrina» de la especie *Papilio dardanus*

La selección natural puede actuar de fomas diferentes a un mismo tiempo.

Las mariposas «cola de golondrina», de la especie *Papilio dardanus* viven en África. Todos los machos son iguales, pero existen como mínimo cuatro tipos diferentes de hembras. Uno de los tipos de hembras es amarillo y negro, como los machos, pero los otros son miméticos y cada uno se parece a una especie de mariposa diferente.

Machos similares
El dibujo amarillo y negro de las alas del macho permite que la hembra lo asocie a una pareja adecuada. Un macho con un dibujo muy diferente tendría menos posibilidades de aparearse y de transmitir sus caracteres a la siguiente generación. Por tanto, la selección natural tiende a conservar intacto el dibujo del macho.

Hembras diferentes
Cada hembra mimética se parece a una de las especies de mariposas de sabor desagradable que se denominan **danaidas.** Las mariposas de la especie *Papilio dardanus* no tienen un sabor desagradable. Puesto que las aves las confunden con las danaidas de sabor desagradable, las hembras miméticas tienen más posibilidades de sobrevivir que las hembras cuyas alas tienen otro tipo de dibujo. Por tanto, la selección natural mantiene los tres tipos diferentes de hembras.

Papilio dardanus
hembra

Papilio dardanus
macho

Papilio dardanus
hembra mimética

Papilio dardanus
macho

*Danaus chrysippus**

Números diferentes

Si las mariposas miméticas fueran tan numerosas como las danaidas, las aves probablemente no asociarían los dibujos de las alas con un sabor desagradable. Y cuantas más hembras miméticas hay, menos las protege su mimetismo.

Al imitar a varias especies diferentes, las mariposas «cola de golondrina», *Papilio dardanus*, protegen a una parte importante de la población. Las proporciones de los diferentes tipos de hembras están controladas por la selección natural.

Un cambio futuro

En Etiopía, las hembras miméticas de la especie *Papilio dardanus* tienen unas prolongaciones en las alas, iguales a las de los machos pero algo más pequeñas. Las mariposas de sabor desagradable, a las que mimetizan, no tienen esa prolongación de las alas. ¿Es posible que la selección natural esté en vías de cambiar la forma de las alas de esta población?

Papilio dardanus
hembra mimética

Papilio dardanus
hembra mimética

Papilio dardanus

*Amauris echeria**

*Amauris niavius**

*Mariposas danaidas

Los caracoles navarricos: un enigma constante

Una variedad de conchas

Los **caracoles navarricos** están muy extendidos en los campos y bosques de Gran Bretaña y Europa. Las conchas son muy diversas: amarillas, marrones o rosas y algunos tienen en las conchas, unas bandas en espiral de color marrón oscuro (como puedes observar en las páginas 51 y 52). El modelo de concha se hereda y no lo produce el entorno. Una misma población de caracoles puede estar formada por ejemplares con conchas muy diferentes.

En algunas zonas, las proporciones de los diferentes tipos de conchas varían de acuerdo con el hábitat. En los alrededores de Oxford, hay más conchas de color amarillo en las praderas, y más conchas rosas o marrones entre las hojas muertas de los bosques. La proporción de conchas lisas es mayor en un hábitat uniforme, como es un manto de hojas muertas, que un hábitat mixto, como una pradera salvaje o un seto vivo.

La veriedad de dibujos que tienen las conchas se puede explicar parcialmente por la selección natural.

La selección en los tordos

Las aves, los tordos en particular, se comen a los caracoles. En primer lugar, las aves tienen que sacar a los caracoles de sus conchas: los llevan a una piedra adecuada y los tiran o golpean hasta que la concha se rompe. Si comparamos los dibujos de las conchas rotas con los de toda la población de caracoles, podemos observar que los tordos escogen principalmente aquellos que más resaltan en el entorno. Los caracoles que menos se ven, tienen más posibilidades de sobrevivir para reproducirse. La selección natural favorece a las conchas que mejor se adaptan a cada hábitat y, por eso, las poblaciones que viven en hábitats similares suelen parecerse. Pero existen diferencias y cada población tiene su propia variedad de conchas. ¿Cómo puede explicarse este fenómeno?

Caracol navarrico
Cepaea nemoralis

En cada uno de estos fondos, ¿cuáles son los caracoles que se distinguen más fácilmente? ¿Y cuáles tienen más posibilidades de sobrevivir?

Las otras influencias

Existen otros factores tales como el clima, que también influyen en la supervivencia de los caracoles navarricos. Algunas poblaciones de caracoles se adaptan mejor a los climas fríos porque sus conchas son oscuras; al contrario, los caracoles claros se adaptan mejor a los climas cálidos. Una explicación sencilla sería que los colores absorben el calor de forma diferente. Pero el clima no influye de esta manera en todas las poblaciones de caracoles.

En algunas zonas, no encontramos ninguna razón que explique la variación de la conchas, en particular de las que tienen un dibujo en espiral. Estudios recientes han demostrado que la variación de las conchas de una población, puede ser muy diferente de la que ocurre en las poblaciones vecinas. Las causas de esta situación se desconocen. Quizá no conozcamos el hábitat a fondo.

¿Está en juego la selección natural?

Todavía nos quedan muchos problemas por resolver, antes de poder explicar todas las variaciones de los caracoles navarricos. Para poder comprender la influencia de la selección natural, debemos averiguar qué clase de concha se adapta mejor a cada tipo de entorno. Se trata de una empresa que es prácticamente imposible realizar porque por una parte, los genes involucrados son muy numerosos y por otra, es muy difícil examinar todos los factores relevantes en una población de seres vivos.

Por tanto, es difícil, o incluso imposible, predecir los efectos ocasionados por la selección natural en la naturaleza. Los resultados dependen del contexto puesto que cada zona es única y cada población tiene una gama de conchas diferente. Por el momento, lo único que podemos decir es que la selección natural es uno de los muchos factores que deben tenerse en consideración en la historia de los caracoles navarricos.

Los efectos de la selección natural

Resumen

La selección natural permite que las poblaciones de seres vivos se adapten mejor a su entorno.

Si el entorno cambia, los caracteres de la población se modifican y ésta se adapta mejor al nuevo entorno. Este fue el caso de las mariposas del abedul que vivían en los alrededores de Manchester durante el siglo pasado.

Sin embargo, la selección natural no ocasiona siempre un cambio. El ejemplo del peso de los recién nacidos demuestra que en un entorno inalterable, una población bien adaptada no varía gracias a la selección natural.

Cuando el entorno cambia, la selección natural puede dividir a una población en dos o más tipos diferentes y cada cual se adaptará a una parte del entorno. Los pinos de corteza blanca constituyen un buen ejemplo.

En todos estos casos los efectos de la selección natural son evidentes. Pero como demuestra el caso de los caracoles navarricos, en la mayoría de las poblaciones hay que tener en cuenta tantos factores que es muy difícil averiguar los efectos de la selección natural.

Los ejemplos que hemos analizado en este capítulo muestran el papel que desempeña la selección natural en la vida de las especies vivas. ¿Pero cuál es el que desempeña en la formación de las nuevas especies?

Capítulo 10

¿Cómo se forman las nuevas especies?

Estos guacamayos no se aparean entre ellos. Por tanto, se trata de dos especies diferentes. ¿Cómo se forman las nuevas especies? ¿Qué papel desempeña la selección natural en este proceso?

La formación de una nueva especie

Al no poder retroceder en el tiempo, nunca sabremos cómo se forman las especies. Pero la observación de especies vivas nos puede proporcionar numerosas pistas.

A lo largo de los años, se han sugerido muchos mecanismos para explicar el origen de las especies. Darwin sugirió que cada nueva especie se forma al cabo de miles de años, por un proceso en el que interviene la selección natural. Pero esta es sólo una parte del proceso. Recientemente los científicos han distinguido tres etapas en la formación de las nuevas especies...

Etapa 1
Una barrera para la reproducción
Una especie puede dividirse en dos poblaciones diferentes debido a un tipo de **barrera**, que impide que las dos poblaciones puedan reproducirse entre ellas. Por regla general se trata de una barrera geográfica, como por ejemplo una cordillera.

Etapa 2
Diferenciación gradual
Cada población se adapta a su propio entorno, generalmente por la influencia de la selección natural. Al cabo de muchas generaciones, las dos poblaciones pueden gradualmente llegar a ser **diferentes.**

Etapa 3
Dos especies diferentes
Al cabo de muchos años, las dos poblaciones pueden ser tan diferentes que este hecho les impida reproducirse entre sí. Las dos poblaciones se han convertido en **dos especies diferentes.**

Examinemos más de cerca las tres etapas de la formación de las nuevas especies.

Etapa 1

Una barrera para la reproducción

La primera etapa en la formación de una nueva especie es la división de una población en dos poblaciones diferentes, provocada por un tipo de barrera. Las dos poblaciones **podrían** reproducirse entre ellas pero la barrera lo impide. Generalmente, se trata de **una barrera geográfica.**

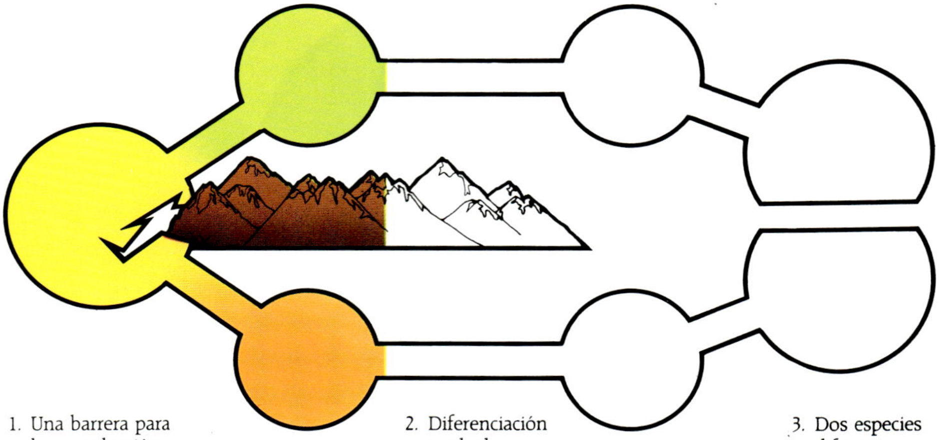

1. Una barrera para la reproducción
2. Diferenciación gradual
3. Dos especies diferentes

Barreras geográficas

Una barrera geográfica es un área donde una especie no puede vivir. Podría tratarse de...

... las montañas

... el mar

... un trozo de tierra

... un río

... un desierto

... el hielo

Una barrera para la reproducción

El mar

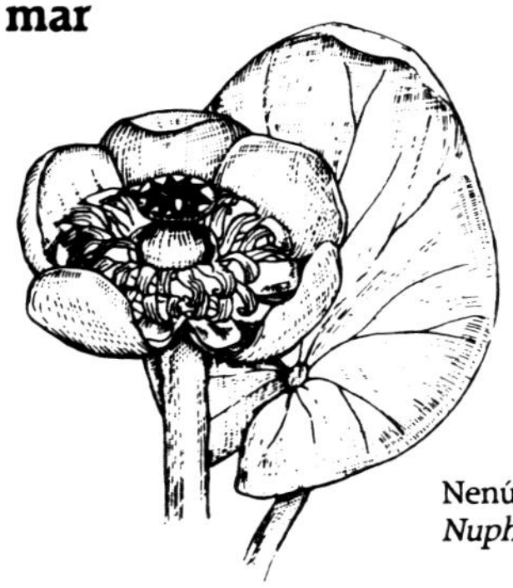

Nenúfar amarillo
Nuphar lutea

Los nenúfares amarillos
Abundan en las charcas, los arroyos y los ríos poco caudalosos de casi toda Europa. Todos pertenecen a la misma especie, pero el canal de la Mancha impide que los nenúfares de Inglaterra se reproduzcan con los de la Europa continental.

Los fósiles del polen muestran que los nenúfares crecían en Inglaterra y en diversas zonas de Europa, antes de la formación del canal de la Mancha. En esta época, podían reproducirse entre ellos. Ahora, el canal de la Mancha constituye una **barrera geográfica** entre los nenúfares de Inglaterra y los del continente europeo.

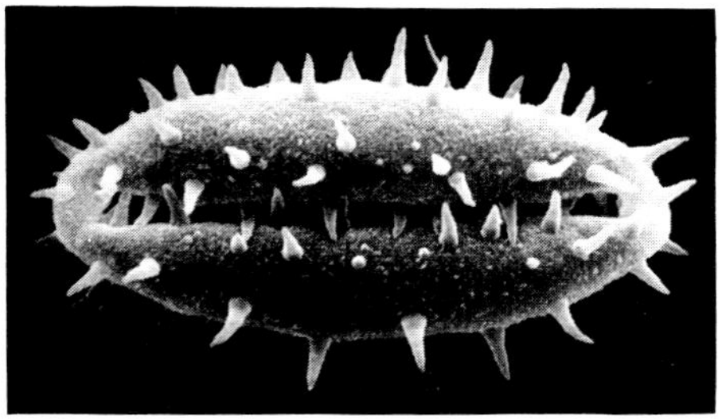

Polen de un nenúfar amarillo. Aproximadamente 1.200 veces su tamaño.

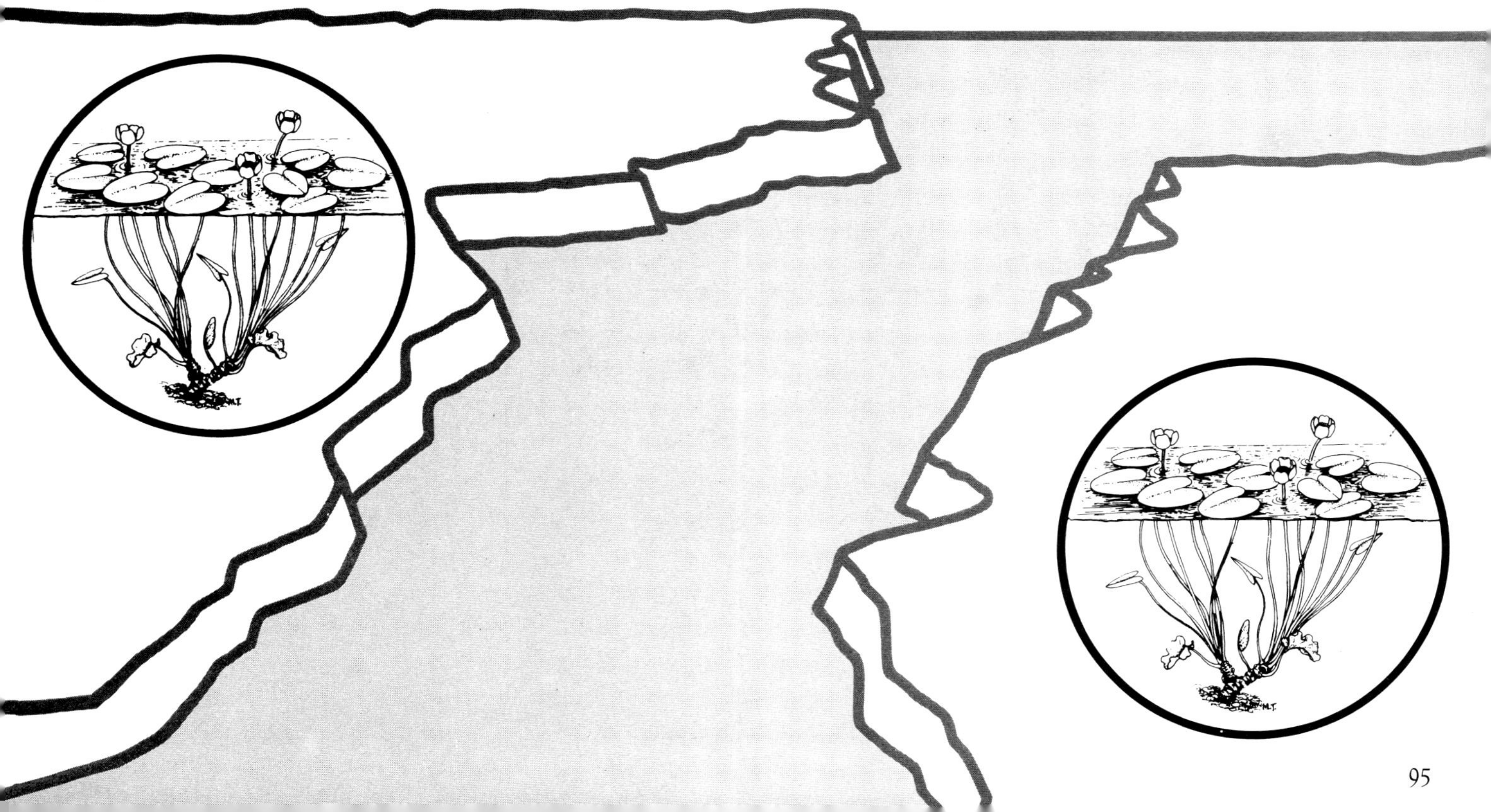

Etapa 2

Diferenciación gradual

Las dos poblaciones, que ya están separadas, viven en medios ligeramente diferentes.

Al cabo de muchas generaciones, se van adaptando a estos entornos por la influencia de la selección natural. Por tanto, las dos poblaciones se van diferenciando gradualmente.

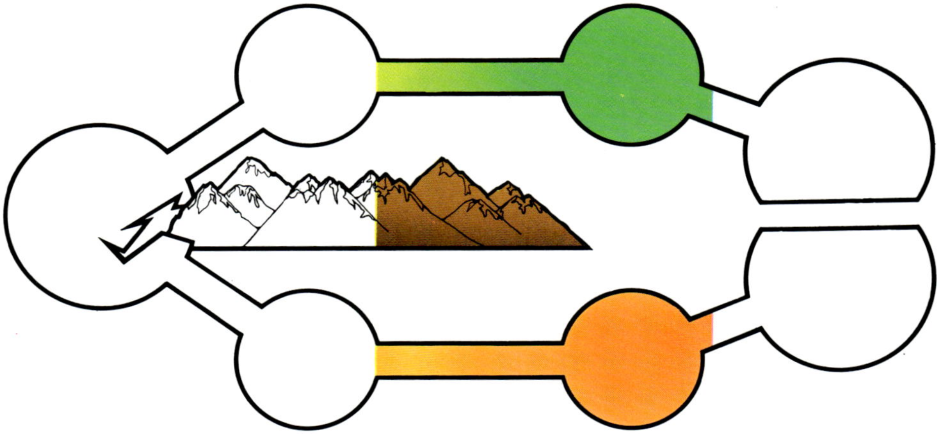

Entornos diferentes

Incluso en un área pequeña, existen diferencias en el entorno, y las dos poblaciones pueden adaptarse a...

... diferentes precipitaciones

... diferentes relieves

... diferentes temperaturas

... diferentes altitudes

... diferentes terrenos

... diferentes profundidades

Diferenciación gradual

La influencia de la altitud

La **cincoenrama gandulosa** es un arbusto que crece en California.

Aunque se trata de una sola especie, estas plantas no son todas idénticas. En las montañas son arbustos bajos y poco frondosos, sin embargo en la costa, son más altos y frondosos.

Cada tipo se adapta a entornos diferentes. Los arbustos bajos y poco frondosos se adaptan al frío y al viento de las montañas, y los altos a un entorno más protegido como es la costa.

Si se planta en la montaña un arbusto que vive en la costa, muere enseguida.

Muchas otras especies de plantas tienen formas diferentes si crecen en las montañas o bien en las llanuras, como, entre otros ejemplos, los pinos de corteza blanca, que describimos en el capítulo anterior.

Etapa 3
Dos especies diferentes

Al cabo de un tiempo, las dos poblaciones son ya tan diferentes que no pueden cruzarse entre sí, incluso aunque la barrera haya desaparecido.

Si las dos poblaciones se transforman en dos grupos reproductores distintos, se pueden considerar como **dos especies diferentes.**

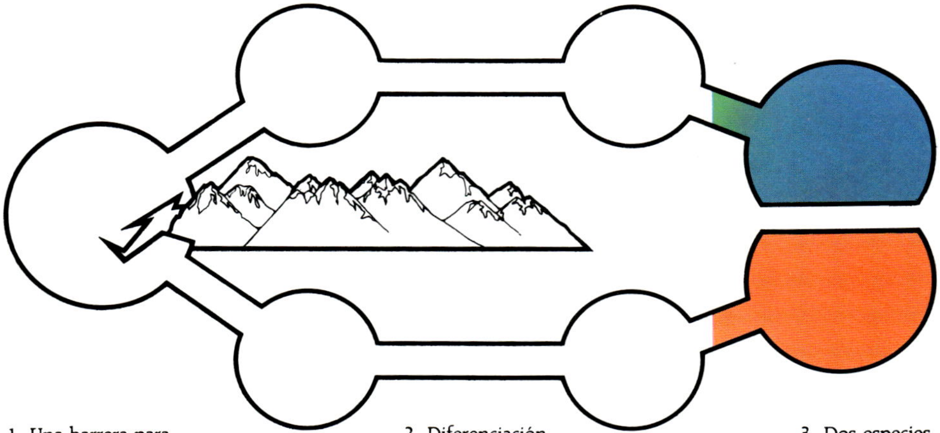

1. Una barrera para la reproducción
2. Diferenciación gradual
3. Dos especies diferentes.

¿Cuáles son los factores que impiden el cruzamiento de dos poblaciones?
Dos poblaciones son incapaces de cruzarse si...

... viven en hábitats diferentes

... tienen aspectos diferentes

... tienen un comportamiento diferente

... se reproducen en varias estaciones del año

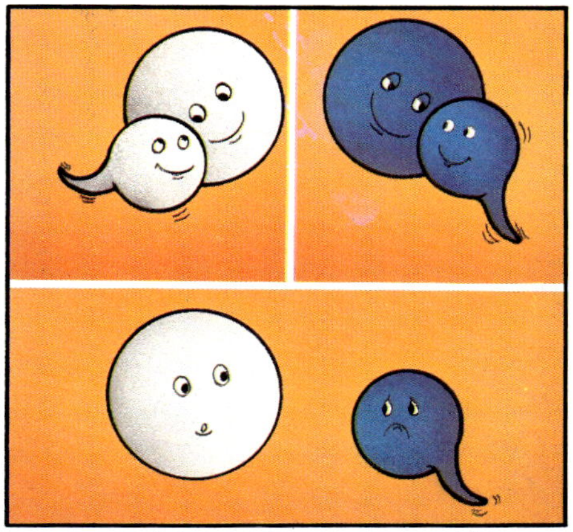

... sus células sexuales son incompatibles

... su descendencia no sobrevive o es estéril

¿Cuáles son los factores que impiden el cruzamiento entre dos poblaciones?

Dos especies, dos llamadas de celo diferentes

Estos saltamontes son prácticamente idénticos; sin embargo, pertenecen a especies diferentes. La diferencia más evidente es la llamada de celo que realizan los machos para atraer a las hembras.

Las hembras reconocen a los machos de su propia especie por su llamada de celo. Generalmente, no se aparean con los machos de otras especies porque las llamadas de celo de estos son distintas.

En un laboratorio, se puede «engañar» a una hembra haciéndole oír una grabación de la llamada de celo de su propia especie. Al oír esta llamada, la hembra se apareará con un macho de otra especie, que ha sido puesto en su misma jaula.

La descendencia híbrida que resulta de este apareamiento es sana y fértil. Por tanto, podemos deducir que lo que impide el apareamiento de estas dos especies es únicamente la diferencia entre las dos llamadas de celo.

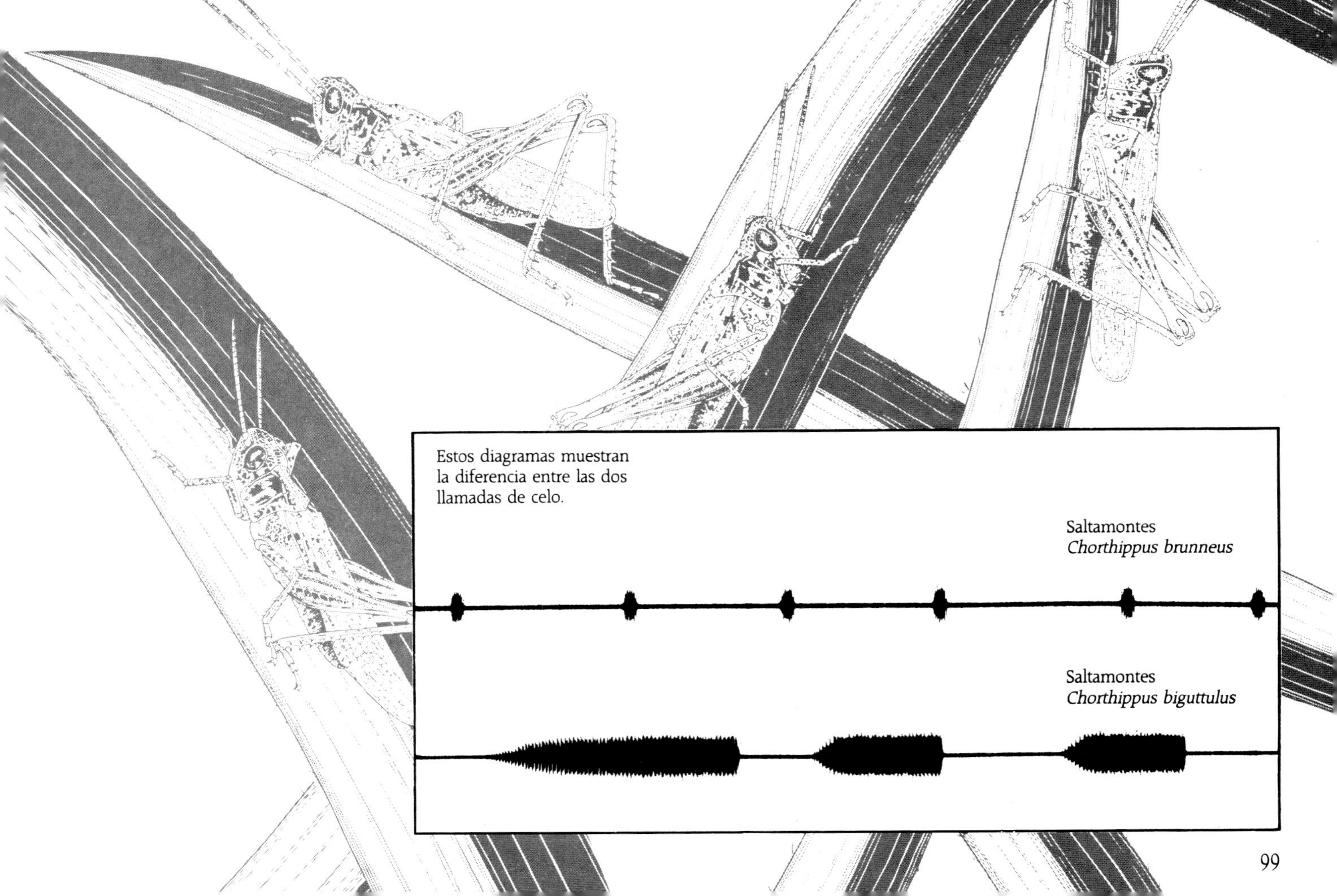

Estos diagramas muestran la diferencia entre las dos llamadas de celo.

Etapa 3

Finales diferentes

En la primera parte de este capítulo hemos visto que cuando una especie se divide en dos, las dos poblaciones se diferencian de tal manera que ya no pueden cruzarse. Como vimos en el capítulo 3, dos poblaciones que no pueden reproducirse constituyen dos especies diferentes.

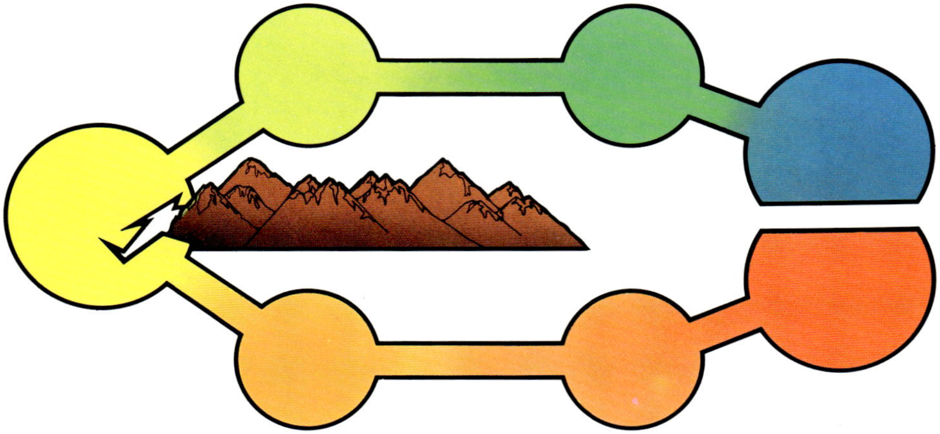

Pero el final puede ser diferente...

Incluso aunque dos poblaciones se hayan diferenciado de tal forma que **parezcan** dos especies diferentes...

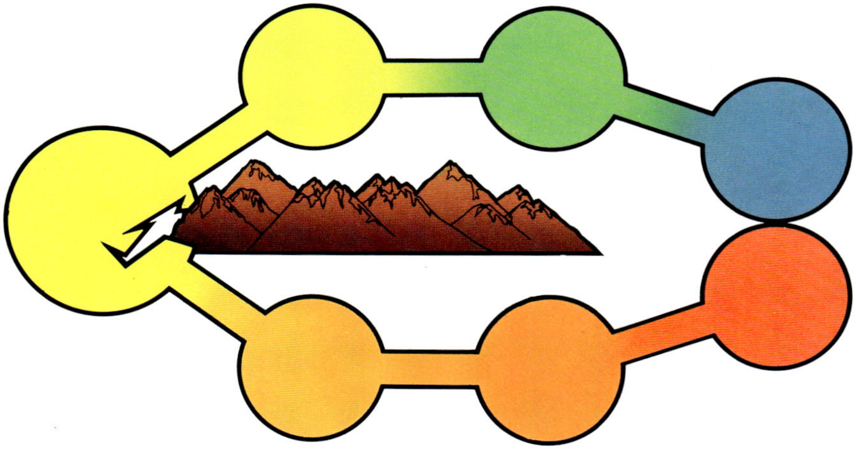

... todavía pueden aparearse.

Lo que ocurra después depende de cuáles sean los individuos que mejor se adapten: los progenitores de las poblaciones o su descendencia híbrida.

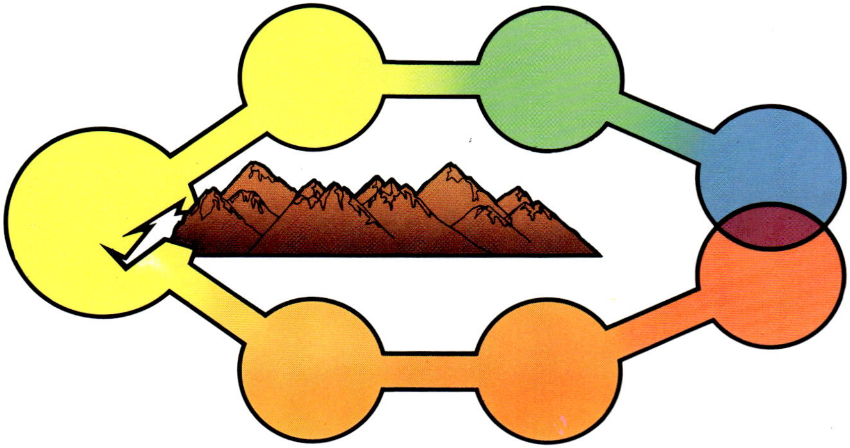

¿Cuál será el final...

... si los híbridos se adaptan mejor que las dos poblaciones de progenitores?

Es posible que se forme una **nueva especie híbrida.** Los híbridos se adaptan mejor que los progenitores. En otras palabras, tienen más posibilidades de sobrevivir. Si los híbridos son fértiles, pueden llegar a reemplazar a la especie de sus progenitores, y en este caso, se les consideraría como una nueva especie.

... si los híbridos se adaptan peor que las dos poblaciones de progenitores?

Es posible que se formen **dos especies.** Los progenitores se adaptan mejor que los híbridos. En otras palabras, tienen más posibilidades de sobrevivir, y por tanto pueden llegar a convertirse en dos especies diferentes.

En las dos páginas siguientes, podrás ver ejemplos ilustrativos de estos casos.

¿Una especie o dos?

El *Pinus muricata*, al que los ingleses llaman «pino obispo», y el pino de Monterrey crecen en la península de Monterrey en California. Son bastante diferentes; sin embargo, pueden reproducirse y producir híbridos. Éstos se adaptan peor que los progenitores y no sobreviven.

«Pino obispo»
Pinus muricata

Pino de Monterrey
Pinus radiata

Los dos tipos de pino se reproducen en distintas estaciones del año. Los pinos de Monterrey liberan el polen durante los primeros meses del año, y los pinos obispo lo hacen más adelante.

Por lo tanto, estos dos tipos de árboles no se reproducen y se consideran dos especies diferentes.

Febrero
Marzo
Abril

Un final diferente

En Inglaterra existen dos especies de espinos que se diferencian por sus hojas. El espino albar crece en las praderas, y el espino navarro, en los bosques.

¿Un nuevo hábitat, una nueva especie?

Puesto que los bosques se deforestan para la agricultura, el hábitat de los espinos navarros se está destruyendo gradualmente. Sin embargo, los espinos albares pueden crecer en los claros. Al desarrollarse cerca, estas dos especies pueden cruzarse. Los híbridos son fértiles y se distinguen por sus hojas intermedias.

Puesto que se adaptan mejor que los otros espinos a los hábitats intermedios, los híbridos se están extendiendo cada vez más. Pueden incluso llegar a sustituir a los espinos navarros. En este caso, ¿se consideraría a los espinos híbridos como una especie diferente?

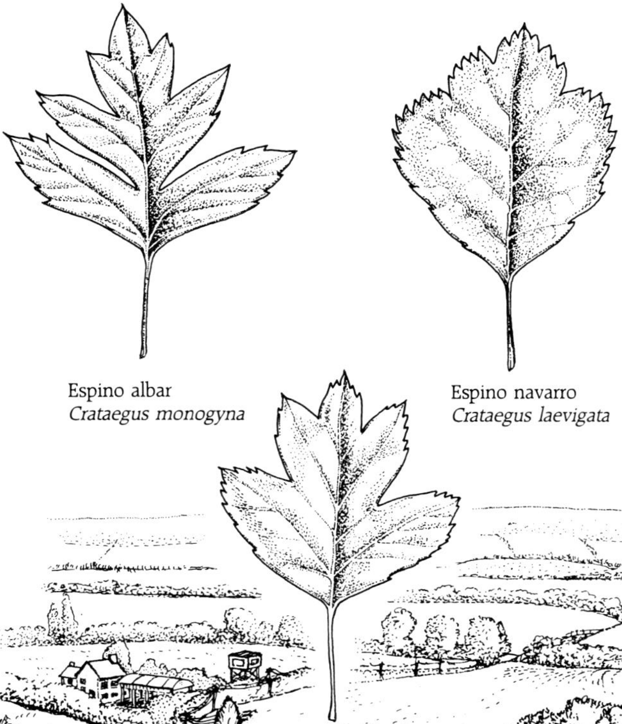

Terrenos cultivados: hábitat típico de los espinos híbridos

Las especies también se forman de otras maneras

Una especie puede estar dividida en dos poblaciones aunque estas vivan en la misma zona. Por ejemplo, si las dos poblaciones comen alimentos diferentes, o se reproducen en épocas distintas, podemos decir que están separadas por una **barrera ecológica** y no pueden cruzarse.

Una barrera ecológica

Épocas de reproducción diferentes

Mosca de la fruta
Rhagoletis pomonella
unas 6 veces su tamaño natural
(fotografía hecha a partir de un modelo)

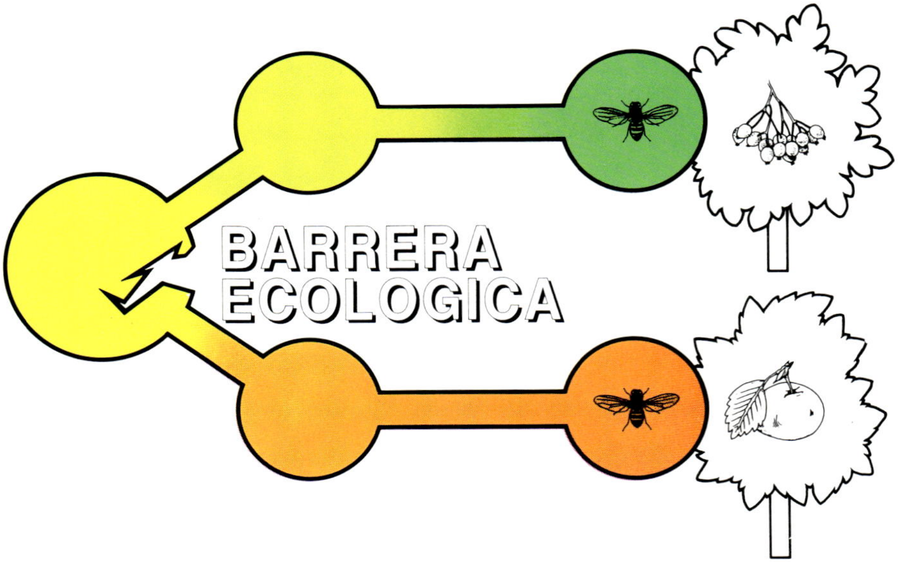

Esta especie de la mosca de la fruta vive en Norteamérica. Se divide en dos poblaciones que viven en la misma zona, en árboles diferentes. Unas viven en los espinos y las otras en los manzanos. Las dos poblaciones no se cruzan entre sí.

¿Cómo ha podido ocurrir este fenómeno?

Antes solamente había «moscas del espino» Hace más de cien años, las moscas vivían en los arbustos de espinos. Parte del ciclo de sus vidas es el siguiente...

Ahora también hay «moscas del manzano» Hace más de cien años se introdujeron por primera vez en los manzanos en esta zona. Ahora existen moscas de la fruta que viven en los manzanos. Su ciclo de vida es el siguiente...

¿Por qué las moscas de los manzanos se reproducen antes que las de los espinos? Las manzanas suelen madurar antes que los frutos de los espinos. Todas las moscas no salen del huevo en la misma época. Cuando se introdujeron los manzanos en este área, quizás las moscas nacieran cuando las manzanas ya estaban maduras. Durante un período de tiempo, la selección natural ha dividido a las moscas en dos poblaciones distintas, que se reproducen en épocas diferentes.

¿Existen actualmente dos especies? Las «moscas del manzano» y las «del espino» presentan el mismo aspecto y todavía **pueden** cruzarse entre sí. Pero esto no es posible porque se reproducen en épocas distintas. Puede ocurrir que al cabo de un tiempo, los dos tipos de moscas se conviertan en **dos especies diferentes.**

Especies instantáneas

Hemos visto anteriormente que una especie puede tardar mucho tiempo hasta que se convierte en dos diferentes. Sin embargo, a veces, la descendencia híbrida de dos especies puede transformarse en poco tiempo en una sola, debido a las variaciones que se producen en sus cromosomas.

En general los híbridos son estériles porque los grupos de cromosomas que heredan de sus progenitores son incompatibles, y no pueden transmitirse. Algunos híbridos pueden ser fértiles mediante la **poliploidía**, un complicado proceso por el cual la descendencia tiene más grupos de cromosomas que sus progenitores. Los lectores que deseen saber más sobre este tema, deben consultar la bibliografía en la página 118.

La poliploidía es más común en las plantas que en los animales. El **colinabo**, por ejemplo, es una especie poliploide formada por un híbrido, resultante de cruzamiento entre un tipo de col y un tipo de nabo. (Al no saber exactamente cómo eran estos vegetales antes, están representados aquí por sus parientes modernos.)

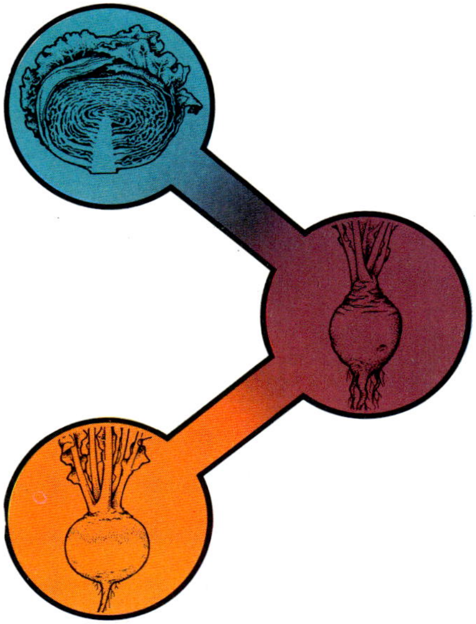

Todas estas especies de plantas son poliploides.

Lecherinas
Euphorbia helioscopia

Dactilo
Dactylis glomerata

Esparto
Spartina townsendii

Zarza
Rubus chamaemorus

Rosa silvestre
Rosa canina

Espiguilla
Poa annua

Galeopside
Galeopsis tetrahit

Pera salvaje
Pyrus communis

Mostajo
Sorbus aria

¿Cómo se forman las nuevas especies?

En este capítulo hemos analizado diversas maneras de formarse las especies.

Hemos visto que la evolución de las nuevas especies puede ser un proceso lento en el que interviene la selección natural. Entre los seres vivos hay pruebas que demuestran que las diferentes etapas de este proceso existen realmente.

También hemos observado cómo, de manera casi instantánea, pueden formarse nuevas especies por un cambio en los cromosomas llamado poliploidía, y que es muy importante en dicha formación.

En casi todas las teorías sobre la formación de las nuevas especies, la selección natural interviene en alguna etapa del proceso. Pero las opiniones sobre la evolución cambian, ya que la biología molecular, la ecología de las poblaciones y la genética, por ejemplo, descubren continuamente nuevas pruebas. (Para más información sobre estos temas, véase la bibliografía en la página 118.)

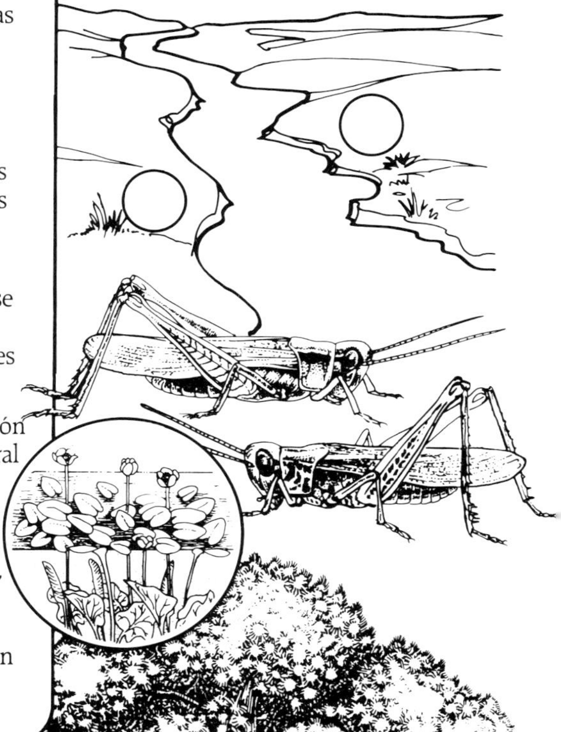

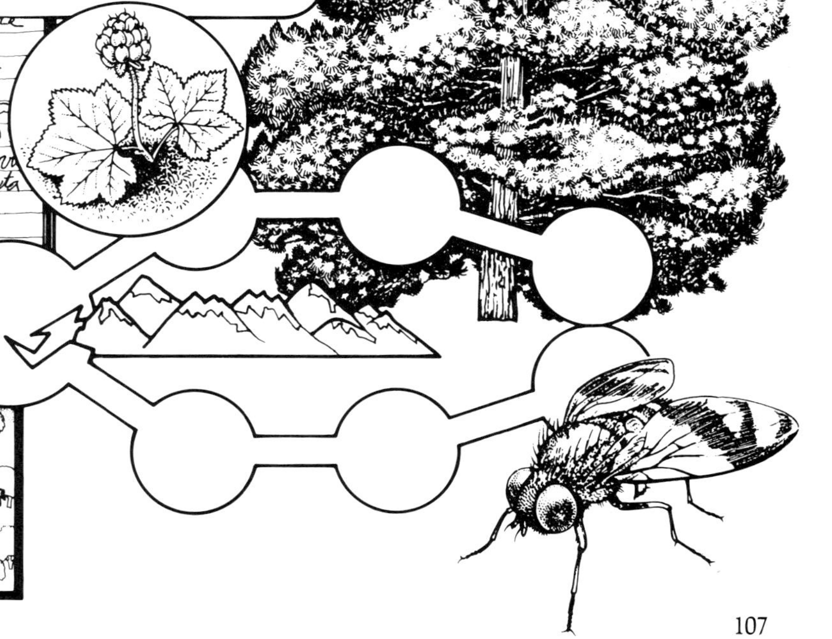

Vista de las islas Galápagos, con la isla de San Salvador al fondo.

Capítulo 11

El origen de las especies

¿Existen indicios en la naturaleza que demuestran que la selección natural provoca la evolución de nuevas especies?

Los pinzones de las islas Galápagos

En las islas Galápagos existen 13 especies de **pinzones** que no se ecuentran en ninguna otra parte del mundo. Charles Darwin fue el primero que estudió estas aves, cuando visitó las islas en 1835, durante su viaje en el *Beagle.*

Los pinzones de las islas Galápagos son aves pequeñas y grisáceas. Darwin observó que cada especie tiene una forma o tamaño de pico diferentes. Sus observaciones sobre los pinzones resultaron ser una de las pruebas más convincentes del papel que desempeña la selección natural en el origen de las especies. El caso de los pinzones es un ejemplo indiscutible de la evolución.

Ilustración en color de John Gould, 1841

Una visión más detallada de las islas Galápagos

Las islas Galápagos se encuentran en el océano Pacífico a unos 1.000 kilómetros del continente sudamericano. Son restos de volcanes que emergieron del mar hace sólo unos cuantos millones de años.

Las escasas especies de plantas y animales que viven en estas islas, descienden de sus antepasados que originariamente procedían del continente. Darwin observó que eran muy diferentes de las especies del continente, y pensó que esto se podía explicar por la evolución.

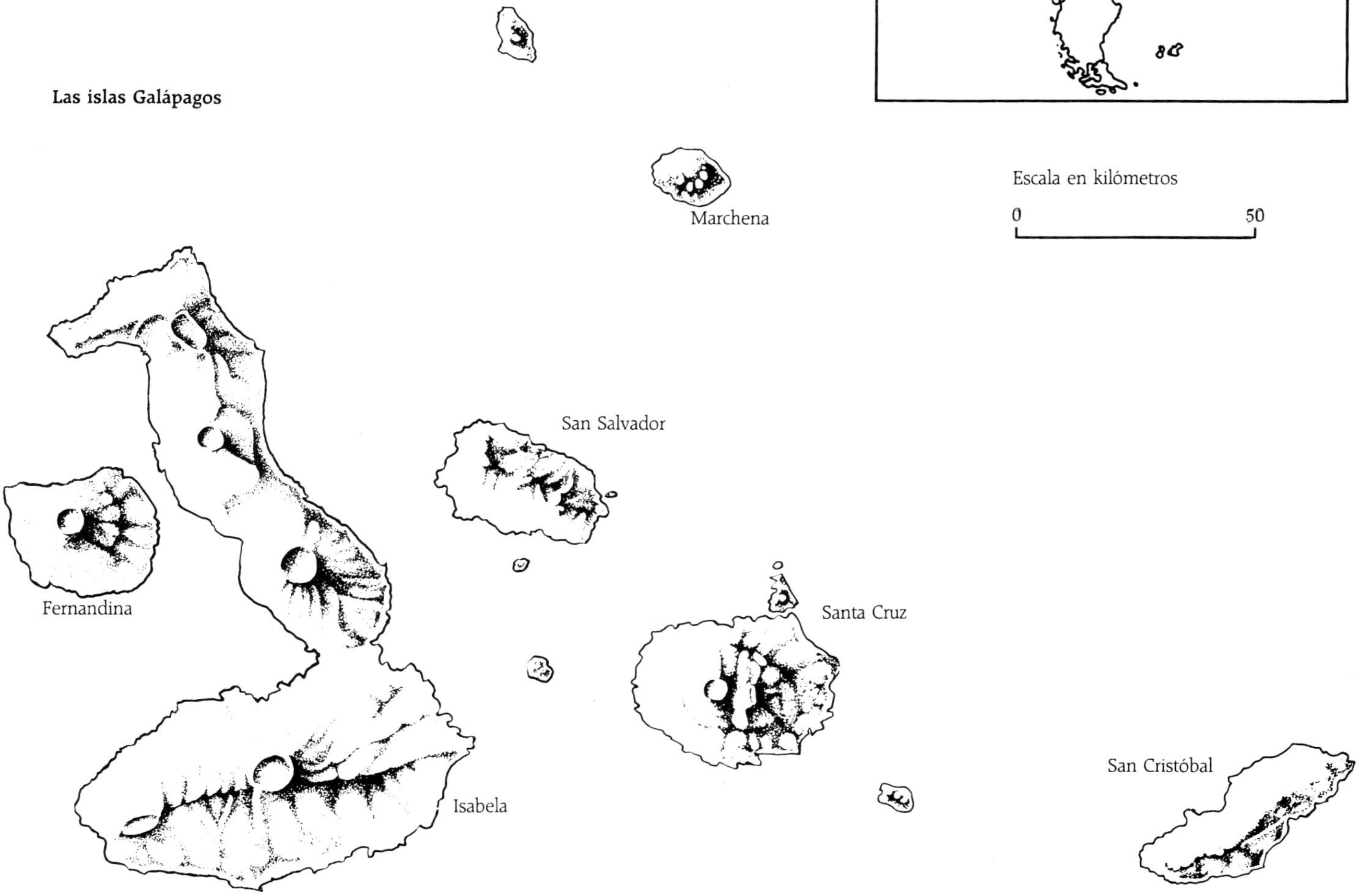

Las islas Galápagos

La herramienta adecuada para cada trabajo

Darwin observó que había varias especies de pinzones en las islas Galápagos, y que cada una tenía una forma o tamaño de pico diferentes. Las diferencias pueden explicarse por la **selección natural.**

Los picos de las aves son como las herramientas: cada una sirve para un tipo de trabajo. Cada forma de pico está hecha para comer un tipo de alimentos.

Intenta asociar cada pico con su alimento correspondiente.

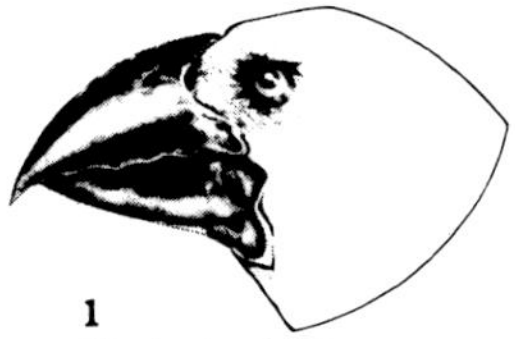

1
El pinzón de tierra grande tiene un pico grande y fuerte para triturar los alimentos... como un gran cascanueces.

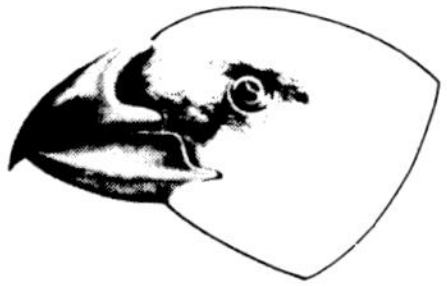

2
El pinzón de árbol medio tiene un pico fuerte y afilado para agarrar y cortar los alimentos... como una tijera para cortar chapa metálica

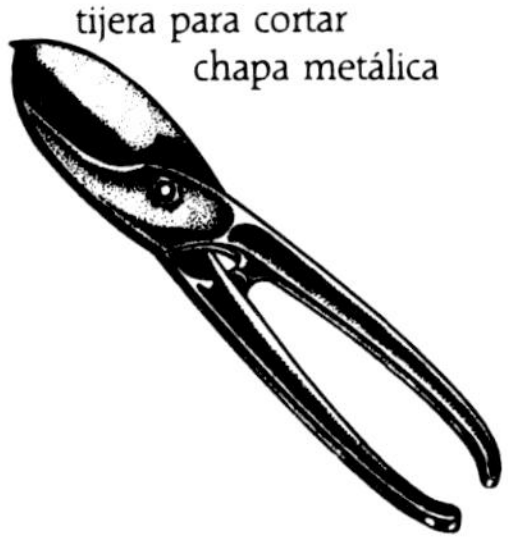

3
El pinzón gorjeado tiene un pico pequeño y puntiagudo para desgarrar los alimentos... como unas pinzas.

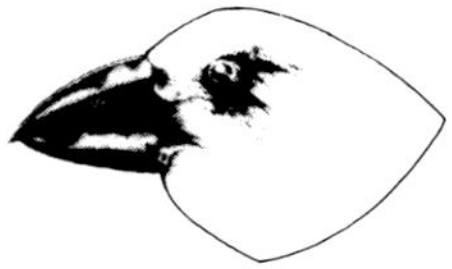

4
El pinzón de tierra pequeño tiene un pico pequeño pero fuerte... como un pequeño cascanueces.

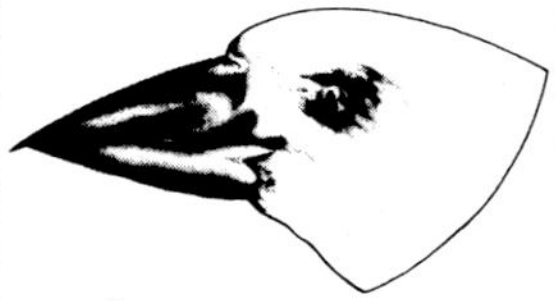

5
El pinzón de los cactus tiene un pico largo y fuerte para despedazar los alimentos... como unos alicates.

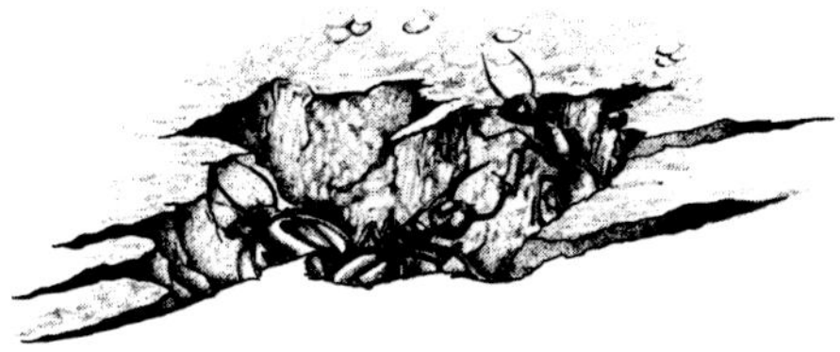

A
Pequeños insectos en las grietas

B
Semillas grandes y duras

C
Semillas y néctar de cactus

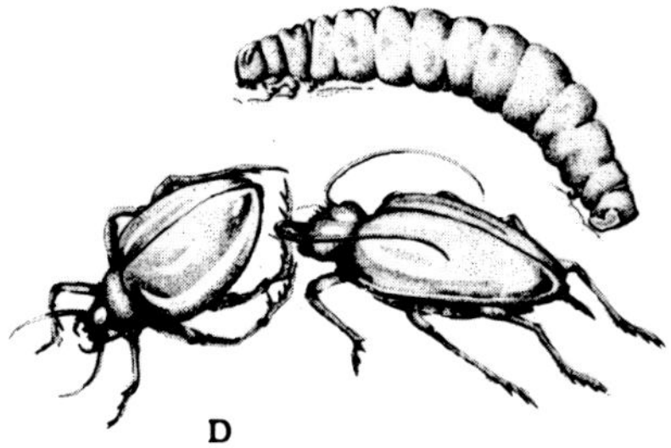

D
Insectos grandes, como, por ejemplo, los escarabajos y las orugas

E
Semillas pequeñas y duras

¿Cómo se formaron las especies de los pinzones?

La existencia de las diversas formas de pico de los pinzones de las Galápagos puede explicarse por la selección natural. Pero esta no es más que uno de los factores que intervienen en la formación de estas especies... El relieve de las islas Galápagos y el océano que las rodea, desempeñaron un papel fundamental en la formación de las múltiples especies de pinzones que existen actualmente.

Estos diagramas muestran cómo evolucionaron, probablemente, las especies de pinzones.

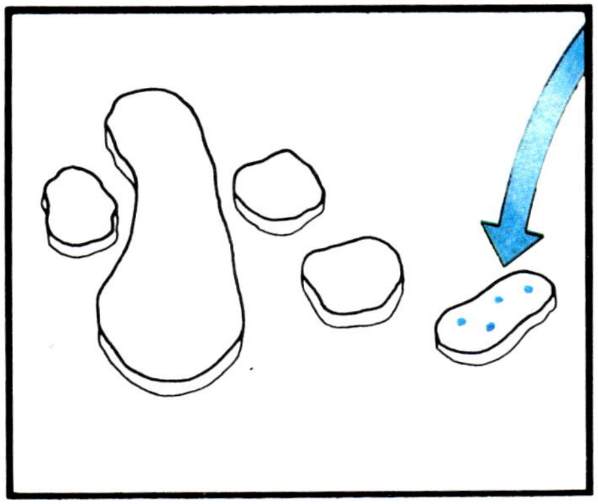

1. Al principio no había pinzones en las islas Galápagos. Más adelante, algunos pinzones del continente consiguieron llegar a una de las islas del archipiélago.

2. Los pinzones se hicieron más numerosos y, debido a la influencia de la selección natural, se adaptaron gradualmente al entorno local.

3. Algunos pinzones consiguieron llegar a una segunda isla donde el entorno era diferente.

4. Los pinzones de la segunda isla se fueron adaptando gradualmente a su nuevo entorno.

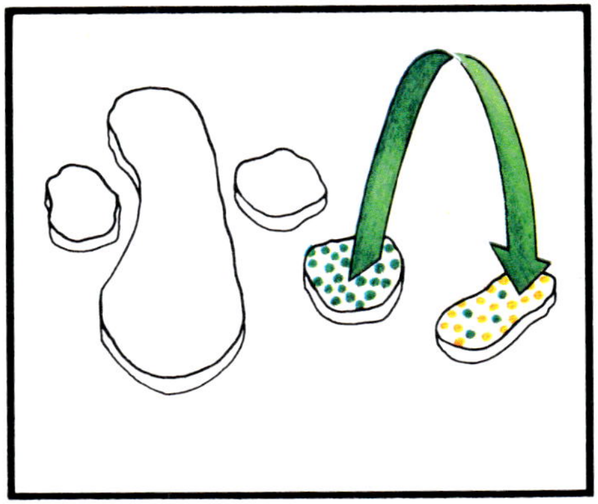

5. Algunos pinzones de la segunda isla volvieron a la primera. Pero eran ya tan diferentes de los pinzones que vivían allí que ya no podían aparearse con ellos. Las dos poblaciones se habían convertido en **dos especies diferentes**.

6. Este proceso se repitió una y otra vez, hasta que finalmente los pinzones colonizaron las otras islas. Actualmente viven 13 especies de pinzones en las islas Galápagos.

Respuestas de la pág. 112
El pico 1 está hecho para comer el alimento B
El pico 2 está hecho para comer el alimento D
El pico 3 está hecho para comer el alimento A
El pico 4 está hecho para comer el alimento E
El pico 5 está hecho para comer el alimento C

El ejemplo de los pinzones de las islas Galápagos se considera como uno de los ejemplos clásicos de la evolución por selección natural.

Pero ¿hay otros ejemplos?

Los peces cíclidos del lago Victoria

La selección natural puede servir para explicar la evolución de grupos de especies, que viven en diversas partes del mundo. Un grupo de especial interés para los científicos del museo de Historia Natural de Londres, es el de los **peces cíclidos** que viven en el lago Victoria, en África Oriental.

El lago Victoria contiene más de 200 especies de peces muy similares. Se distinguen entre ellas por el color, el tamaño y la forma; pero se diferencian más por las mandíbulas y los dientes, que están adaptados para comer diversos tipos de alimentos. Unos se alimentan de otros peces; otros, de insectos, y el resto, de plantas. De manera que, entre ellos, estos peces se comen casi todo el alimento que hay en el lago.

¿Cómo se formaron todas estas especies?

Una visión detallada del lago Victoria

La historia de la formación del lago Victoria proporciona diversas claves para entender la formación de las especies.

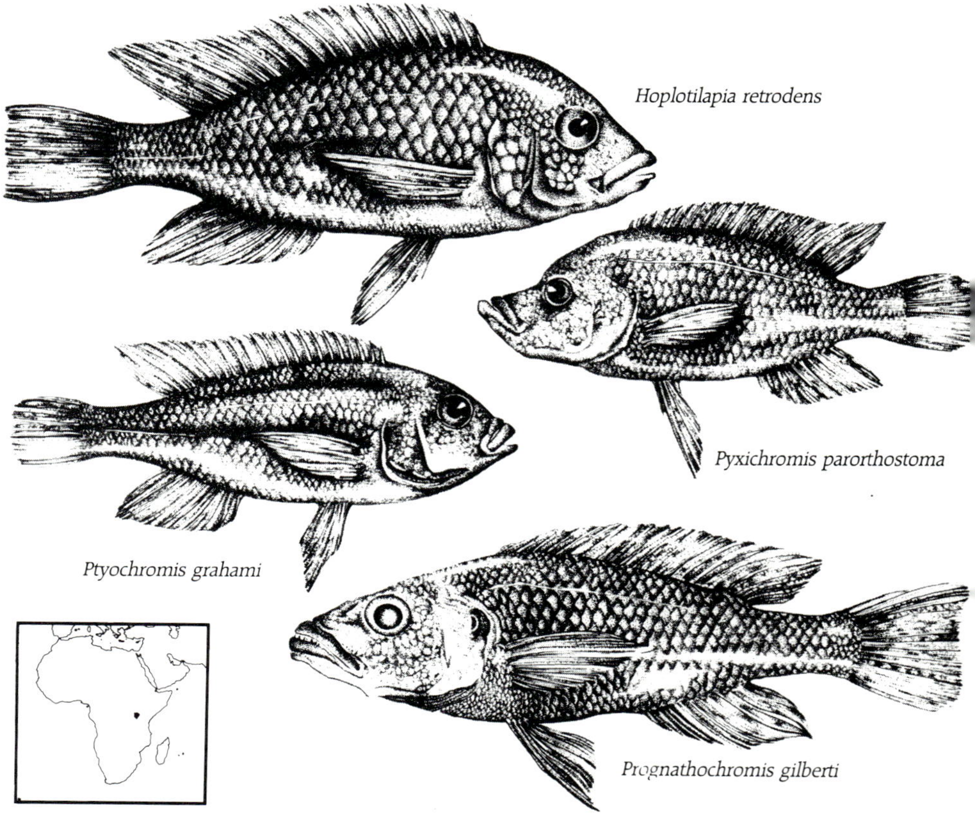

El lago Victoria probablemente comenzó a formarse hace alrededor de un millón de años. En esa época, se crearon pequeños lagos a lo largo de los ríos existentes, debido a movimientos de tierra.

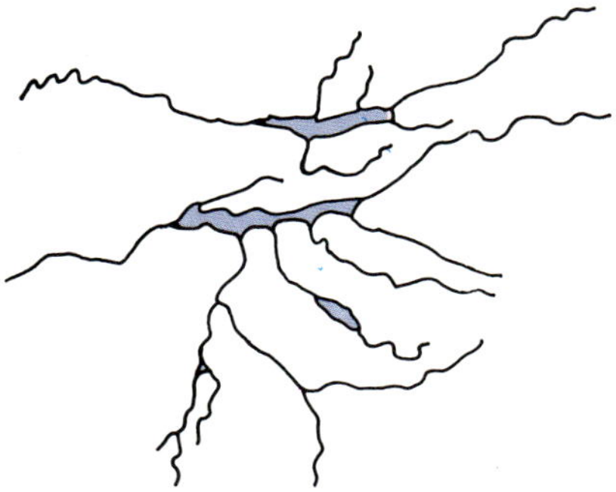

Poco a poco, los lagos se extendieron y algunos se unieron.

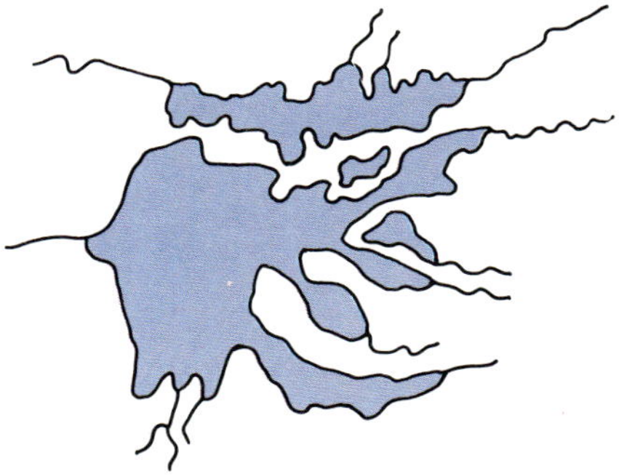

Luego hubo otros movimientos de tierra. La sequías provocaron la reducción y división de los lagos. Pero posteriormente, al desbordarse los ríos, los lagos crecieron y volvieron a fusionarse. Este proceso se repitió a lo largo de los años, hasta que se formó el lago actual.

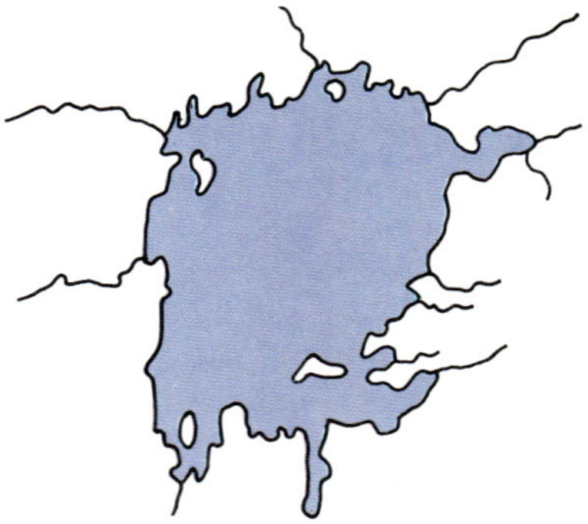

¿Cómo se formaron las diversas especies de peces?

1. En un principio había probablemente una o dos especies de peces cíclidos que vivían en los ríos o en los lagos recién formados.

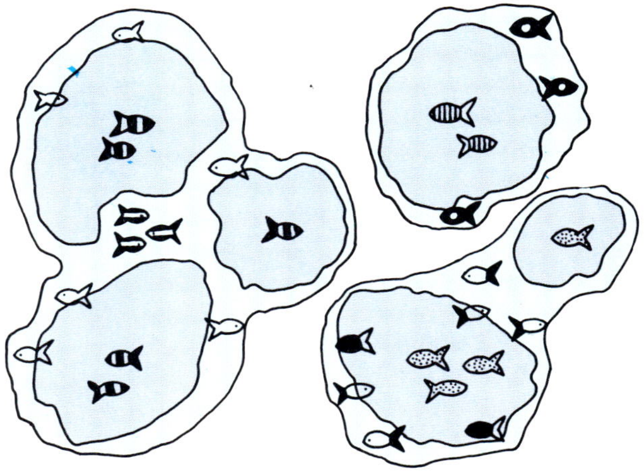

2. Al crecer los lagos, se formaron nuevos hábitats: las aguas poco profundas y las profundas. Cada tipo de lago proporcionaba nuevos tipos de alimentos. Al cabo de muchas generaciones, debido a la selección natural, los grupos de peces fueron adaptándose a los nuevos hábitats y a los tipos de alimentos.

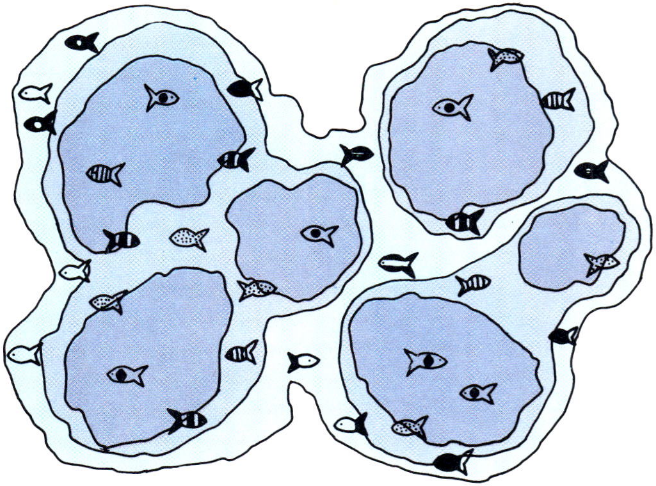

3. Más adelante, cuando los lagos se unieron, los grupos de peces se juntaron. Pero eran tan diferentes que ya no podían aparearse entre ellos. Se habían convertido en **especies diferentes.**

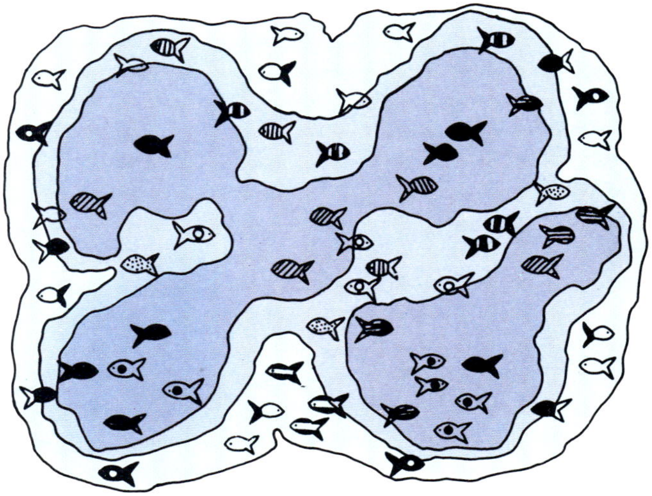

4. Desde entonces se han producido numerosos cambios en los lagos y, por tanto, las nuevas especies han tenido muchas oportunidades para evolucionar. Actualmente existen más de 200 especies de peces cíclidos en el lago Victoria, cada una ligeramente diferente al resto.

Una última reflexión

La teoría de la evolución por selección natural de Darwin puede servir para explicar el origen de muchas especies vivas, como por ejemplo los pinzones de las islas Galápagos y los peces cíclidos del lago Victoria. Pero estos ejemplos no son más que una pequeña fracción de las innumerables especies que viven actualmente en nuestro planeta. ¿Y el resto de las especies?

En muchos casos, es difícil aplicar esta teoría porque no se conocen a fondo los organismos, su historia o su entorno. En otros, esta teoría no parece explicar la realidad, o al menos no la explica bien del todo.
¿Significa esto que la teoría de la evolución por selección natural es errónea?

Desde que Darwin publicó *Sobre el origen de las especies,* su teoría ha sido discutida y puesta en tela de juicio por científicos, teólogos y filósofos, y el debate todavía continúa. A lo largo de los años se ha escrito mucho sobre este tema. Los lectores que deseen saber más sobre este tema, pueden encontrar referencias en la bibliografía.

Selección natural

En este libro hemos querido demostrar que la selección natural es una teoría muy sencilla. Sigue un razonamiento basado en cuatro ideas fundamentales que se pueden ilustrar tomando ejemplos del entorno natural. La selección natural concuerda, de hecho, con lo que observamos en la naturaleza, y se puede ver cómo actúa entre los seres vivos.

¿Pero la selección natural puede explicar la evolución de nuevas especies? Darwin estaba convencido de ello y de que esta teoría ofrecía una explicación convincente del origen de especies tales como los pinzones de las islas Galápagos.

Otras teorías

¿La selección natural es la única explicación del cambio evolutivo?

Actualmente se acepta la idea de que existen otros mecanismos, algunos de los cuales no se conocen a fondo, que han podido intervenir en la evolución de las nuevas especies. Desde los tiempos de Darwin, la teoría evolutiva se ha expandido y modificado gracias a los descubrimientos en el campo de la biología molecular, la dinámica de las poblaciones y la genética en particular. La teoría de la selección natural y la polémica que suscita han provocado una importante investigación sobre este tema y levantado muchos interrogantes:

¿Qué factores influyen en los cambiantes modelos de los procesos evolutivos de los seres vivos?

¿Qué papel desempeñan los fósiles en la interpretación del cambio evolutivo?

¿Desempeña el azar un papel importante en la evolución?

Éstas no son más que unas de las muchas preguntas que quedan sin respuesta. Pero la teoría de la selección natural es la base para realizar cualquier estudio sobre la evolución, y una de las claves para poder... comprender la diversidad de la vida.

Bibliografía

... acerca de Charles Darwin

Autobiografía, Charles Darwin. Alianza, Madrid, 1977 (1.ª ed. Londres, 1809-1882).

Charles Darwin, por John Chancellor, Weidenfeld & Nicolson, 1974. Biografía ilustrada.

Viaje de un naturalista alrededor del mundo, 2 vols. Ch. Darwin. Akal, Madrid, 1983.

Down House, en Downe cerca de Bromley (Kent), fue la casa de Darwin durante casi 50 años, y todavía hoy contiene muchos libros, papeles y objetos personales de Darwin. Está bajo la tutela del Royal College of Surgeons, y está abierta al público.

... acerca de la selección natural y la evolución

El origen de las especies, Charles Darwin, 1859. Akal, Madrid, 1985. Tesis original y bien razonada a favor de la selección natural.

Evolution, Colin Patterson, British Museum (Natural History), 1978. Introducción autorizada para el lector medio. Contiene secciones sobre genética y otras sobre los aspectos filosóficos de la teoría evolutiva moderna. También incluye una bibliografía muy útil.

The Story of Evolution, Ron Taylor, Ward Lock, 1980. Libro ameno e ilustrado que desarrolla un abanico de temas, desde el origen de la vida hasta la ingeniería genética.

Life on Earth, David Attenborough, Collins/BBC, 1979. Relato animado sobre la historia de la vida. Actualmente existe una nueva edición, con más ilustraciones, publicada por Reader's Digest.

Evolution, T. Dobzhansky et al., W.H. Freeman, 1977. Relato sencillo para estudiantes y especialistas.

Modes of Speciation, Michael J.D. White, W.H. Freeman, 1978. Estudio minucioso de las diferentes maneras en que se forman las nuevas especies. Incluye un capítulo sobre poliploidía.

Darwin Retried, Norman Macbeth, Gambit, 1979. Punto de vista de un abogado sobre la evidencia de que la selección natural existe.

... para estar al día

Para estar al tanto de las últimas opiniones sobre la selección natural y la evolución, le recomendamos las revistas de biología. *New Scientist* e *Investigación y Ciencia* son las más amenas, y regularmente contienen artículos escritos por los biólogos especializados en la evolución más eminentes del momento.

Índice

Agradecimientos

10: retrato de Charles Darwin por George Richmond, por cortesía de George Darwin Esq.
23: retrato de Alfred Rendle, reproducido del *Journal of Botany*, vol. 76, 1938.
66/67: manuscrito de Darwin, por cortesía de Down House y del Royal College of Surgeons.
81: niño con anemia falciforme, por cortesía del Profesor P.D. Marsden, Universidad de Brasil.

Fotografías

24/25: gaviotas, *A. Winspear Cundall/Natural Science Photos.*
30: dedaleras en la naturaleza, *G. Maclean/Oxford Scientific Films;* pingüinos reales en la naturaleza, *Dr Giles Clarke.*
33: cangrejos cazuela, *David Attenborough*
45, 49: ciervos machos luchando, *Hans Reinhard/Bruce Coleman Ltd.*
49: conejo, *Jane Burton/Bruce Coleman Ltd.*
58: cucos, *Ian Wyllie*
76: trepador comiendo una mariposa del abedul, *BBC Natural History Unit,* fábrica de Manchester, *Northern Picture Library,* fumigando con insecticida, *B. Brooks/Bruce Coleman Ltd.*
77: grupo de gente en los años 40, *BBC Hulton Picture Library*
79: Sierra Nevada, *M.P.L. Fogden/Oxford Scientific Films*
81: faisanes dorados, macho y hembra, *Eric y David Hosking,* lucha de faisanes, *Bruce Coleman/Bruce Coleman Ltd.*
97: cincoenrama gandulosa, *Jepson Herbarium, Universidad de California.*
108/109: islas Galápagos, *Profesor Robert I. Bowman.*

Agradecemos la cooperación y ayuda en la producción de las siguientes fotografías a:
8,9: estudio de Darwin, Down House y el Royal College of Surgeons.
20: equipo de fútbol, Chelsea Football Club.
42: bosque de robles, Selborne Society.